東山
HIGASHIYAMA

絶滅
THE ZOO OF EXTINCT ANIMALS

動物園

写真／武藤健二
文／佐々木シュウジ
制作／絶滅動物園プロジェクト
発行／三恵社

死に、絶えて

この地球上から

滅すること

それが"絶滅"だ。

最近よく耳にする【絶滅危惧種】という言葉。ある種の動物や植物に添えられる言葉で、大まかに言えば「このままだと、この動物（植物）は絶滅してしまいますよ」ということ。よく知られるものではニッポニア・ニッポン（Nipponia nippon）の学名を持つ「トキ（朱鷺）」があげられるが、「最後の一羽が・・・」というようなフレーズをニュースで聞いた人も多いと思う。

さて、いま地球上ではどのくらいの種が絶滅に近づいているのだろう。地球規模で絶滅危惧種をはじめさまざまな動物たちをウォッチしている国際的な団体IUCN（国際自然保護連合）が継続的に調査している中で、2015年に約12,000種もの動物を「絶滅のおそれのある野生生物」として「IUCNレッドリスト」に掲載・公表した。例えば私たち人間と同じ哺乳類は、地球上で存在が確認されている種が5,515種。その内の1,197種は「絶滅のおそれのある野生生物」とされている。21.70％つまり約5種のうち1種は絶滅危惧種という状況。

原因はどこにあるのか？

それは簡単。答えの殆どは私たち人間にある。当然その種自体が自然に順応できないために数を減らしていくということもあるかもしれないが、現在絶滅の危機に瀕している動物たちの多くは、私たち人間がその淵に追いやっているといっても過言ではない。人口増や産業の発展は彼らが棲む自然環境を脅かす。また急激な地球温暖化は彼らの生息環境を激変させる。そして人間のとどまることを知らない美や健康・金銭への欲求は彼らの命を奪い続けている。

例えば今回撮影の舞台となった愛知県名古屋市の東山動植物園では2年に一度「東山動植物園人気動物ベスト10」というアンケートを実施しているが、第21回となった2014年調査では、1位のゾウから10位のカバまで、10種中8種が絶滅危惧種であった。みんなが大好きな動物たちが実は"このままだと僕たちこの地球からいなくなっちゃうよ"とサインを送っている。種が滅して、根が絶えてしまう、それが絶滅である。記憶の中に愛らしい顔が残るだけ。しかしその記憶も年月を重ねると消えてしまう…。そう考えると人間がこのまま我が物顔で地球を蹂躙して良いものかと考えずにはいられない。この本では東山動植物園にいる絶滅危惧種の動物を全て撮影。中には残酷な表現もあるかもしれないが、彼らの眼差しのその先を見つめることで、彼らが抱える問題点を共有できればと思う。可愛い、恰好いいだけではない彼らの姿を、ぜひこの本片手に見ていただき、何かを感じて欲しい。同じこの星にすむ隣人として。

レッドリストとは？

Threatened（絶滅危惧種）

1948年に創設された国際自然保護連合（IUCN／International Union for Conservation of Nature）は、181ヶ国の約10,000人の科学者、専門家が、世界規模で協力関係を築いている世界最大の自然保護機関。継続的に動植物の生息調査をしている機関・専門家と協力して危機状況を評価し、定期的にその状況をレポートしている。また、各国の政府組織や自治体でも、当該地域で絶滅のおそれのある野生生物種について同様の調査・評価を行っている。
そこで用いられるのが動植物の保全状況を示すカテゴリーである。

● EX（Extinct／絶滅）
● EW（Extinct in the Wild／野生絶滅）
の2つが基本的に絶滅してしまった種をさす。次に
● CR（Critically Endangered／絶滅危惧ⅠA類）
● EN（Endangered／絶滅危惧ⅠB類）
● VU（Vulnerable／絶滅危惧Ⅱ類）
の3つがここで言う「絶滅危惧種」である。そして
● NT（Near Threatened／準絶滅危惧種）
● LC（Least Concern／軽度懸念）
● DD（Data Deficient／情報不足）
という「絶滅危惧種」とまではいわないものの、注視する必要があるという種類の計8つに分類される。
日本の環境省でも、日本に生息している動植物を中心にIUCNの調査基準に基づいて動植物の危機的状況を環境省レッドリストとしてまとめ、IUCNと同様に類似したカテゴリーを作っている。
環境省における絶滅危惧のカテゴリーは、絶滅危惧ⅠA類（=CR）、絶滅危惧ⅠB類（=EN）、絶滅危惧Ⅱ類（=VU）と表記される。

INDEX

■ **東山動植物園のCR（絶滅危惧ⅠA類）の動物紹介**
ソマリノロバ、ニシローランドゴリラ、スマトラトラ、スマトラオランウータン、クロサイ、ツシマヤマネコ、ワタボウシタマリン（ワタボウシパンシェ）、シロクロエリマキキツネザル（エリマキキツネザル）、ヒゲザキ、フサオネズミカンガルー、チンチラ、シジュウカラガン、アオキコンゴウインコ、コサンケイ、ヨウスコウワニ、インドガビアル、リトルケイマンイワイグアナ（ケイマンイワイグアナ）、アホロートル、チュウゴクオオサンショウウオ、マコードナガクビガメ、ホウシャガメ、ビルマホシガメ

■ **東山動植物園のEN（絶滅危惧ⅠB類）の動物紹介**
コビトカバ、チンパンジー、アジアゾウ、マレーバク、ユキヒョウ、ペルシャヒョウ、スナドリネコ、フクロテナガザル、ボルネオテナガザル、ワオキツネザル、タンチョウ、メキシコウサギ、キタイワトビペンギン（イワトビペンギン）、ホオジロカンムリヅル、スミレコンゴウインコ、キボシイシガメ、セマルハコガメ、エミスムツアシガメ、シリケンイモリ、ナゴヤダルマガエル

■ **東山動植物園のVU（絶滅危惧Ⅱ類）の動物紹介**
ホッキョクグマ、マレーグマ、メガネグマ、ライオン、インドサイ、アフリカゾウ、カバ、ブラジルバク、コツメカワウソ、フンボルトペンギン、マンドリル、オオアリクイ、ビントロング、スンダスローロリス、アルダブラゾウガメ、パンケーキリクガメ、ワニガメ、ニシアフリカコガタワニ、オオホウカンチョウ、キエリボウシインコ、ミドリコンゴウインコ、マナヅル、ホオカザリヅル、サカツラガン、アルマジロトカゲ、オオヨロイトカゲ、スッポンモドキ、ニホンスッポン、キアシガメ、ギリシャリクガメ、オオサンショウウオ、カスミサンショウウオ

■ **東山動植物園のEW（野生絶滅）の動物紹介**
アメカ・スプレンデンス

■ **世界のメダカ館の紹介**

● **ミナミメダカ（ニホンメダカ）**

● **日本の水辺にいる生き物たち**
イタセンパラ、ウシモツゴ、ハリヨ、イチモンジタナゴ、スイゲンゼニタナゴ、ニッポンバラタナゴ、ミヤコタナゴ、カワバタモロコ、トウカイコガタスジシマドジョウ、ホトケドジョウ、ネコギギ、アカザ、アユカケ、オヤニラミ、ニホンウナギ

● **インドネシアのメダカたち**
オリジアス・オルソゴナティウス、オリジアス・セレベンシス、オリジアス・ニグリマス、オリジアス・プロフンディコラ、オリジアス・マタネンシス、クセノポエキルス・サラシノムル、オリジアス・マーモラタス

● **メキシコ・アメリカ・アフリカに棲むカダヤシたち**
ズーゴネティクス・テキーラ、カラコドン・ラテラリス、クセノフォルス・カプティヴス、クレニクティス・ベイリィ、フンデュロパンチャクス・シーリ、アフィオセミオン・ポリアキ、アフィオセミオン・ボルカヌム、フンデュロパンチャクス・マーモラタス、アフィオセミオン・バイビタートゥム、アフィオセミオン・プリミゲニウム、ノソブランキウス・コータウザエ

● **世界のメダカ館の取り組み**

■ **絶滅危惧動物保全への取り組み**

■ **必ず見て欲しい東山動植物園の三大動物**

■ **絶滅動物園プロジェクトとは？**

■ **あとがき**

■ **参考文献、IUCN関係諸団体リンク、制作クレジット**

＊ご確認事項
1. 今回の撮影は2015年7月〜9月にかけて実施しました。展示替え、他動物園への転出等で実際には見られない種がいる場合もあります。
2. IUCNレッドリスト2015.4、環境省レッドリストを基に記載しています。
3. この書籍は写真集です。各動物の生態を詳らかにしているものではありません。写真集として楽しんでいただけたらと思います。
4. CR、EN、VU等レッドリストの認定に関してはそれぞれ評価された年が違います。現況と合わないイメージを持たれる場合もあります。ご了承ください。
5. ⓟこのマークはパブリックドメイン（public domain）を意味するものです。パブリックドメインとは、著作物や発明などの知的創作物について、知的財産権が発生していない状態又は消滅した状態のものをいいます。

CR

【CR】とは、Critically Endangeredの略。IUCNのレッドリストにおけるCR（絶滅危惧ⅠA類）とは、絶滅危惧種の中でも最も保全状況が良くないカテゴリー。ある生物種（または亜種）の個体数が極めて減少している場合、または今後個体数が激減すると推測される場合にこのCR（絶滅危惧ⅠA類）に分類する。その基準としてIUCNでは以下のように定めている。
❶成熟個体数が50未満の種（個体数が安定している場合も含む）。❷個体数が250未満で、かつ3年間あるいは1世代で25%以上減少している、または、50以上の成熟個体数を含む個体群が無いもしくは一つの個体群に90%が存在している。これは、交流による種の誕生が望めない、もしくは、偶発的な出来事（自然災害、病気の流行）によって種の存続に高いリスクを抱えていることを示す。❸前述の❶・❷より個体数は多いものの、10年あるいは3世代のどちらか長い方の期間で80%の減少が観察・予想される種。❹分布域が極めて狭い（100平方km未満）の種。100平方kmと言えば、東山動植物園のある名古屋市全域の1/3にも満たない狭さ。❺10年間もしくは3世代のどちらか長い方の期間で、絶滅確率が50%以上の種。
以上であるが、IUCNで恐らく絶滅したと考えられる種についても、一定の期間、生息調査が行われない限り、絶滅種とはせず絶滅危惧ⅠA類としている。その場合、近絶滅（Possibly Extinct）とし、このCRに分類している。ヨウスコウカワイルカ（*Lipotes vexillifer*）がその代表的な例だ。
近い将来、動物園にはいるものの野生には生息していないという【EW＝野生絶滅種】が増えるかもしれない。

ソマリノロバ

Equus africanus somaliensis
奇蹄目ウマ科
Red List Category／CR
Date Assessed／2014-09-08

かつてはアフリカ大陸北部広域に生息していたが、現在はエチオピア東部・ソマリア北部・スーダンに分布をとどめている。食用・薬用として乱獲されたことや、干ばつや長年続く紛争による環境の悪化などが原因となり個体数を減らしている。

四肢にある縞模様が
可愛らしいソマリノロバ。
つぶらな瞳で
遠くから私たちを見つめます。
ちょっと臆病な彼女は独りぼっち。
というよりも日本には
ここ東山動植物園にいる
彼女しかいないのです。

思うのです。
今日も一人、ずっと一人。
話し相手もいなく
恋する彼氏もいない。

故郷のアフリカに帰ろうにも
度重なる干ばつや紛争で
棲んでいた場所は荒れ
棲家を見つける術もなく
仲間もほとんどいなくなってしまった…。

彼女の抱える孤独を思うと
やるせない気持ちになるのです。

ニシローランドゴリラ

Gorilla gorilla gorilla
霊長目ヒト科
Red List Category／CR
Date Assessed／2008-06-30

コンゴやガボンなどアフリカの大西洋側の国々、赤道付近の国々の一部地域に生息するニシローランドゴリラ。しかし彼らを取り巻く環境は良くない。開発による環境破壊に加え、度重なる紛争は彼らの生を脅かす。IUCNの発表によれば1992年頃から流行したエボラ出血熱による保護区域での個体の減少は、2007年までで33％、2011年までの20年間でいえば45％とその減少に歯止めが利かない状況だ。

ゴリラというと、映画や物語での描かれ方のせいであろうか、凶暴で粗野なイメージが拭えない。しかし本当の姿は違う。食性は果物や植物の葉、時に昆虫などの小さな生き物を食べるくらいの植物色の強い雑食で、コミュニティは強いオスを中心に複数のメスとその子どもたちという家族単位で群をつくる。

人気のシャバーニも同様で、メス2頭と子どもたちと共に暮らしている。背中のシルバーバックに威厳をたたえて。

スマトラトラ

Panthera tigris sumatrae
食肉目ネコ科
Red List Category／CR
Date Assessed／2008-06-30

トラはネコ科の動物の中で最も大きな種である。亜種の中でも一番大きなアムールトラは全長が370cmにもなるが、このスマトラトラは亜種の中でもいちばん小さな種になる。それでも全長は200〜270cmにもなり、ライオンよりも大きいのだ。あまり比べることはないが、ユーラシア大陸の百獣の王はトラなのかもしれない。

インドネシアには以前バリ島に生息するバリトラという亜種がいたが1940年頃に絶滅したと言われる。20世紀の初めに9つの亜種がいたトラの種類も、3亜種が絶滅し現在はスマトラトラを含めた6種のみに。害獣に見なされ駆逐目的で狩猟されることもあるが、毛皮をはじめとした商業目的で殺されることが多い。また森の喪失も大きな問題の一つ。一つは森林火災による焼失。2006年にはスマトラ島南部でおよそ250ヶ所以上で、続いて2007年には170ヘクタール以上の森を焼く火災が発生。もう一つは製紙会社によるスマトラ島の森林伐採。これらの森の喪失はトラも含めた森林の生態系に大きな負の影響を与えている。

スマトラオランウータン

Pongo abelii
霊長目ヒト科
Red List Category／CR
Date Assessed／2008-06-30

東山動植物園のオランウータンはメスのアキちゃん。2015年の9月に31回目の誕生日を迎えた。朝はお気に入りのカップで飼育員特製のスペシャルドリンクを飲み、雨が降った時や日差しが強い時の日除けにダンボールや南京袋をカッパ代わりにして歩くその姿はとても可愛いと評判である。

さて、オランウータンにはボルネオ・オランウータンと、このスマトラ・オランウータンの2種がいる。オランウータンとはマレー語で「森の人」という意味を持つ。orangが人で、utanが森。その名前のごとく、森に棲み、主に低地の熱帯雨林に単独で暮らしていることが多い。しかし子どもが生まれると親子で行動し、その期間は4〜5年続くと言う。

オランウータンの最大の脅威は人間。ペット用の乱獲で数を減らしている。そこには大きな悲しみが。子を捕らえるためには一緒にいる親を殺す必要がある。親を殺し、子を親から引き離す。そしてペット用として違法に売られていく。ある国には1980年代後半に1,000〜2,000頭、1990年代の3-4年の間に1,000頭の個体が密輸されたと言う。現在ではペット用の乱獲よりも彼らの生息地であるボルネオ島やスマトラ島の森林伐採や、アブラヤシ・プランテーションによる森の喪失などが大きな問題となっている。

人間が引き起こす悲劇を知った上で、このアキちゃんの愛らしい顔を見るとその可愛らしさに「キュン」と来ると同時に、やるせなさも感じてしまう。

クロサイ

Diceros bicornis
奇蹄目サイ科
Red List Category／CR
Date Assessed／2011-08-06

クロサイはサハラ砂漠以南のアフリカ大陸に広く生息しているサイの一種。アフリカには他にシロサイがいるが、クロサイの方が数が多い。さて、クロサイの学名「*Diceros bicornis*」には「2つの角」という意味がある。クロサイの特徴を示す、その長くて鋭い2本の角を表しているのだ。しかしその角に薬効があると信じられているため角目的の乱獲が後を絶たない。インターネットでは角をえぐるように切り取られ殺されたサイの写真を見かけることがよくある。決してサイの角には薬効など無いのに。
そういえば2015年の11月下旬「キタシロサイ、最後の4頭のうち1頭が死亡。残り3頭に…」というような記事が出た。この地球上にあと3頭しかいないという現実。その3頭も自然繁殖には歳をとりすぎているらしい。『絶滅』という文字が見え隠れする現実。
クロサイは一時期の底打ちを脱して、徐々に回復傾向にあるという。国際サイ基金（IRF）の発表によれば2013年に5,055頭まで回復した。それでも5,055頭。しかし依然としてサイの密猟は横行しており楽観できる状況には無いという。

ツシマヤマネコ

Prionailurus bengalensis euptilurus　食肉目ネコ科　環境省レッドリスト／絶滅危惧ⅠA類（CR）

古く、猫と言えば山野で広く生活するイエネコを指す野猫と山猫の二つがあった。今では野猫や山猫といった表現はあまり用いないが、「山猫」と言えばツシマヤマネコを指したものなのだそうだ。それは「猿」と言えばニホンザルのことを指し、「狐」と言えばアカギツネを指したのと同じように。

日本にヤマネコは2種いる。長崎県の対馬（つしま）に生息するツシマヤマネコと、沖縄県の西表島（いりおもてじま）に生息するイリオモテヤマネコの2種。イリオモテヤマネコは環境省による第4次調査（2005〜2007）で個体数が100〜109匹と推定されたのに対し、ツシマヤマネコは2010〜2012年に実施された生息状況等調査では70〜100頭とイリオモテヤマネコと同様もしくはそれ以下の個体数ということになる。いずれにしても日本の対馬にしかいない日本の固有種・ツシマヤマネコ。貴重な種である。

2014年4月26日、東山動植物園に『ツシマヤマネコ舎』がオープンした。これはいま流行の動物の行動展示を目的としたものではなく、飼育下繁殖と研究に取り組むための施設で、ツシマヤマネコがいつでも繁殖に取り組めるための環境整備の賜物。獣舎の造りは環境省が示す基準に従い造られており繁殖に影響を与えないように人目に触れない非公開の工夫や、対馬の自然を出来るだけ再現するような工夫が施されている。この獣舎を見るだけでもツシマヤマネコの特徴が見えてくる。大半は森に棲んでいるため木が多く、プールは普通の猫と違い水浴びが好きという習性から造られている。島では開発や、森が混合林から針葉樹林に植生変更されたことなどから本来の生息地を失い個体数を減らしているが、動物園が個体数を増やすための一翼を担い、彼らが一頭でも多く対馬の自然の中に戻ることをみんな願っている。

ワタボウシタマリン

[ワタボウシパンシェ]

Saguinus oedipus
霊長目オマキザル科
Red List Category／CR
Date Assessed／2008-07-01

歌舞伎の石橋物（しゃっきょうもの）のひとつ「連獅子」を想像させる白い毛が特徴的なワタボウシタマリン。別名ワタボウシパンシェ。コロンビアの固有種である。

実はこのワタボウシタマリンは何度となく調査されており、2000年の発表ではEN（絶滅危惧ⅠB類）であったが、2008年の発表ではCR（絶滅危惧ⅠA類）と保全状況が深刻な方向に変更された種のひとつである。

かってはペット用および生物医学研究のために大量にアメリカを中心に輸出され個体を減らした。しかし近年彼らを追いつめている原因は生息地である森の破壊。農地や牧草地にすべく森が切り崩され、彼らは棲む場所の大部分を失ったという。この生息地の喪失により過去3世代（18年）の間におよそ80％の個体の減少を見たという。

想像して欲しい。

18年の間に10のうち2しか生き残れないという現実を。考えただけでゾッとする。

※東山動植物園では「ワタボウシパンシェ」と表記しています。

シロクロエリマキキツネザル
[エリマキキツネザル]
Varecia variegata variegata
霊長目キツネザル科
Red List Category／CR
Date Assessed／2012-07-11

キツネザルは原始的な猿の一種で、その殆どがアフリカのマダガスカル島に生息している。中でもシロクロエリマキキツネザル（エリマキキツネザル）はマダガスカル島東部の熱帯多雨林に生息し、キツネザルの中では最も大きくガッチリした種である。彼らの脅威は、焼き畑農業、森林の伐採や鉱業による生息環境の喪失などがあげられる。

※東山動植物園では「エリマキキツネザル」と表記しています

ヒゲサキ

Chiropotes satanas
霊長目オマキザル科
Red List Category/CR
Date Assessed/2008-06-30

真中分けの髪は大きく盛り上がり、顔と同じぐらいのあご髭をもつ特徴的な風貌のヒゲサキはアマゾン川流域を中心に生息する。アマゾン川流域の開発や道路の建設などにより生息環境が脅かされ、また食用・毛皮としての乱獲の脅威も捨て置けない。
彼は何を見つめているのだろう…。

フサオネズミカンガルー

Bettongia penicillata
カンガルー目ネズミカンガルー科
Red List Category／CR
Date Assessed／2008-06-30

小さな有袋類の仲間で、オーストラリアの固有種。かつてはオーストラリア本土の60％のエリアに生息していたのが現在は1％にも満たない。理由としては移住者たちが持ち込んだキツネに捕食され数が激減した。オーストラリアの動物たちにとってキツネが外来生物で本来の生態系を壊した一因になっている。

チンチラ

Chinchilla lanigera
ネズミ目チンチラ科
Red List Category／CR
Date Assessed／2008-06-30

チリの固有種で、標高400〜2,500mの高
地の岩場に集団生活をしている。開発や採
掘、放牧による生息地の破壊、毛皮用の乱
獲などにより生息数は減少している。
ちなみに、毛皮で使用されるチンチラは全て
アメリカやヨーロッパで養殖されているもの。

シジュウカラガン

Branta canadensis leucopareia
カモ目カモ科
環境省レッドリスト／絶滅危惧ⅠA類（CR）

白い首の輪が特徴の在来亜種のシジュウカラガン。アリューシャン列島の一部の島で繁殖し、古くから日本に越冬のため飛来していたが、繁殖地で毛皮目的に多数のキツネを放されたことから捕食され、日本に渡ってくるシジュウカラガンも激減した。

アオキコンゴウインコ

Ara glaucogularis
オウム目インコ科
Red List Category／CR
Date Assessed／2014-07-24

ビロードのような美しい羽をまとったアオキコンゴウインコは、ボリビア北部に生息する固有種である。1980年代に生息数は500〜1,000羽と推定されていたが、1994年には54羽以上と推定されるにとどまった。森林の開発や、野焼きなど多くの要因が考えられる。ボリビアでは保護の対象になっているが、ペットなど売買目的の密猟は後を絶たない。しかしこのコンゴウインコが悠然と空を舞うさまは想像しただけで美しい。

コサンケイ

Lophura edwardsi
キジ目キジ科
Red List Category／CR
Date Assessed／2008-06-30

ベトナム中部の固有種である。比較的に低い600m以下の低地に生息していた。しかしベトナム戦争による生息地の破壊・減少に加え、狩猟や農業振興や除草剤散布などにより生息地の喪失が甚だしい。2000年以降の記録があまりにも不足しているため、絶滅したのではないかとも言われている種の一つである。

ヨウスコウワニ

Alligator sinensis
ワニ目アリゲーター科
Red List Category／CR
Date Assessed／1996-08-01

中華人民共和国（安徽省、江蘇省、浙江省の長江下流域）の固有種で、ユーラシア大陸に生息する唯一のアリゲーター科の種である。

インドガビアル

Gavialis gangeticus
ワニ目ガビアル科
Red List Category／CR
Date Assessed／2007-03-01

吻(ふん)と言われる細長い口が特徴のガビアル。このインドガビアルはインドとネパールに生息が認められているものの、パキスタン、バングラデシュ、ブータン、ミャンマーなどでは事実上絶滅と近年報告されている。皮目当ての狩猟が後を絶たないのと、ほぼ水の中で暮らす彼らにとって河川環境の変化は、海と違って逃げ場もなく大きな影響を与えている。

リトルケイマンイワイグアナ

［ケイマンイワイグアナ］

Cyclura nubila ssp. caymanensis
有鱗目イグアナ科
Red List Category／CR
Date Assessed／2012-05-31

中米の西インド諸島にあるケイマン諸島は、一番大きなグランドケイマン島と、リトルケイマン島とケイマンブラック島の3島から構成される。決して小さなイワイグアナということではない。彼らは人間が持ち込んだ犬や猫が野生化したものに補食されることや、商業用・住宅用の宅地開発や道路整備など、島の近代化の犠牲になっていると言ってもやぶさかではない。
※東山動植物園では「ケイマンイワイグアナ」と表記しています。

アホロートル

Ambystoma mexicanum
有尾目トラフサンショウウオ科
Red List Category／CR
Date Assessed／2008-11-11

メキシコの固有種。メキシコサラマンダーの異名を持つ。現在はソチミルコ湖とチャルコ湖に生息する。以前、メキシコの広大な盆地には前述の2湖以外に一番大きなテスココ湖やスムパンゴ湖など巨大な湖水群が形成されていた。しかし新大陸発見に伴いスペイン人が移住して以降、広大なテスココ湖等は埋め立てられ、現在の首都メキシコ・シティが出来る。アホロートルはスペイン人の侵略以前はこの湖水群に広く生息していたと考えられるが、現在はソチミルコ湖とチャルコ湖に生息するのみである。しかしその2湖でも都市化による環境汚染や湖自体の枯渇などによりその種の存在が脅かされている。

チュウゴクオオサンショウウオ

Andrias davidianus
有尾目オオサンショウウオ科
Red List Category／CR
Date Assessed／2004-04-30

中華人民共和国東部に生息する固有種。チュウゴクオオサンショウウオの脅威は人間による開発そのもの。ダム建設による生息地の破壊や、鉱山開発のよる水質汚染など、人間社会の発展の犠牲になっていると言わざるを得ない。現在では飼育下繁殖され、3世代以降の個体のみ食用が許されているが、販売には許可がいるなど統制は取られている。しかし自然の生息環境では過去30年間で壊滅的に減少している。

マコードナガクビガメ

Chelodina mccordi
カメ目ヘビクビガメ科
Red List Category／CR
Date Assessed／2000-06-30

文字通り首の長いことがとても愛嬌のあるマコードナガクビガメは、インドネシアの固有種で、わずか70平方キロメートルのロティ島のみに生息する。その生息域が狭いことはこの種にとって最大の悲劇であった。しかもペットとして乱獲された過去を持ち、政府による保護が始まってからもペット用としての密猟が後を絶たなかった。一部ではもう既に絶滅したのではないかとも言われている。

ホウシャガメ

Astrochelys radiata
カメ目リクガメ科
Red List Category／CR
Date Assessed／2008-01-15

ホウシャガメはその名のごとく、甲羅の放射状の斑紋が特徴である。別名をマダガスカルホシガメともいい、アフリカのマダガスカル島南部の固有種である。食用やペット用として狩猟されその数を減らした。現在では生息地の農地化や森林伐採などすむ森がなくなってきていることが大きな要因とも言える。学名の"Astrochelys"には「星のカメ」という意味があるそうだ。ホウシャガメをこの世の星屑とすることなく、いつまでも星のようなカメと呼べるようであればと願う。

ビルマホシガメ

Geochelone platynota
カメ目リクガメ科
Red List Category／CR
Date Assessed／2000-06-30

ミャンマー中部、西部の固有種。ミャンマーが1948年に独立して以降1990年代まで軍事政権で欧米各国による調査が制限されていたこともありその知見の数が少なかった。しかしミャンマーでは法的に保護し、保護施設でも飼育下繁殖が努められたが、農地開発・焼畑・放牧などによる生息地の破壊が大きくCR（絶滅危機ⅠA類）からの改善は認められない。

EN

【EN】とは、Endangerdの略。IUCNのレッドリストにおけるEN（絶滅危惧ⅠB類）とは、CR（絶滅危惧ⅠA類）ほどではないものの、近い将来野生下で絶滅する危険性の高い動物が分類され、その基準としてIUCNでは以下のように定めている。
❶個体数が250未満の種（個体数が安定している場合も含む）。❷個体数が2,500未満で、かつ、5年間あるいは3世代で20％以上減少している、または、250以上の成熟個体数を含む個体群がないもしくは一つの個体群に95％が存在している。❸10年あるいは3世代どちらか長い方の期間で50％の減少が観察・予想される種。❹分布域が5,000平方km未満で、分布域・個体群が縮小の方向へ大きく数を変動させている種。❺20年間もしくは5世代どちらか長い方の期間で、絶滅確率が20％以上の種と定めている。CRの項目でも同様の判定基準を記しているが、ここでわかることは個体数を増やす鍵は、生息エリアがいかに確保されるかということ。分断されずに各生息域が緩やかにでも連なることや、生息域がある種広域に確保できることが必要な要件のようだ。CRの項で紹介した『ニシローランドゴリラ』のように、人間と同様のエボラ出血熱で多くが犠牲になるというような直接生息域の減少と関係ない理由はとてもレアだ。いずれにしても動物たちの暮らす自然を私たち人間がいかにして担保できるのか？私たちが暮らす中で彼らとの共生がきちんとできない限り、彼らの絶滅へのカウントダウンは止まらない。

コビトカバ

Choeropsis liberiensis
鯨偶蹄目カバ科
Red List Category／EN
Date Assessed／2015-02-23

正式なものではないが「オカピ」「ジャイアントパンダ」と並び世界三大珍獣の一つにあげられる「コビトカバ」。西アフリカのギニア、シエラレオネ、コートジボワール、リベリアに生息している。コビトカバの大きさは体長が150〜175cm、体重が180〜275kg。みなさんが良く知る「カバ」は体長350〜400cm、体重1,200〜2,600kgだから約1/10と、大きさが全然違う。違いは見た目の面でも。通常のカバと違い頭部は丸みを帯び、目も突き出していない。そのコンパクトさは逆に愛らしさを感じるほど。

さてコビトカバは成熟した個体数でおよそ2,000〜2,500未満と報告されている。その原因は彼らが生息する森がゴムやコーヒー、アブラヤシといった農園に転用するために伐採されていることに起因する。人々はアフリカのそれらの国で生きるために森を伐採する。そのためコビトカバなど多くの動物が犠牲になる。どうにかならないものか…という歯がゆさも感じてしまう。一朝一夕に解決できる問題でもないこともわかっている。しかし私たちが直視しなくてはならない問題であるのも確かだ。

このコビトカバの目を見ると「おい、これからどうしてくれるんだい？」と問いかけられている、そんな気がする。

チンパンジー

Pan troglodytes
霊長目ヒト科
Red List Category／EN
Date Assessed／2008-06-30

チンパンジーは西アフリカや中央アフリカを中心とした森にくらす類人猿。少し乾燥した森に20〜100頭ぐらいの群れをつくり暮らしている。小さい頃は肌色の顔だが大人になると黒くなり雄々しさが増す。そんな彼らを脅かすのは「森林破壊」と「密猟」。特に西アフリカ・中央アフリカで彼らが生息する森はおよそ80％を喪失していると言う。それは木の伐採はもとより、石油やガスの採掘、道路などのインフラ整備などが原因となっており、これはアフリカの急激な人口の増加と経済の発展が背景にある。また密猟された個体は主にペット用にされることが多く、狙われるのは子どもでその際には一緒にいる母親は殺されてしまう。
紹介しているチンパンジーはアキコさんと言うメスのチンパンジー。左腕の肘から下がない。感染症に起因する左腕筋組織壊死のため、彼女を生かすため仕方なく肘から先を切断をせざるを得なかったという。しかし彼女は群れから仲間外れにされることなく、みんなと仲良く暮らしているし、仲間も彼女を労る。そんな光景を見ていると少し心が和らぎ穏やかになる…。

アジアゾウ

Elephas maximus

長鼻目ゾウ科
Red List Category／EN
Date Assessed／2008-06-30

アジアゾウはインドを中心にした周辺地域とインドシナ半島およびスマトラ島・ボルネオ島、そして東南アジアに隣接する中国南部地域に生息する。主に森林に生息し草や葉・枝など植物を食べて暮らしている。基本的には母と子の母系で8〜20頭のコミュニティを形成し食べ物を探しながら森を移動して暮らしている。その大きな体に比例して象は移動範囲や生息範囲が広範囲だ。しかし彼らが生息する森の喪失や劣化に加え、象牙を目的とした密猟なども後を絶たず3世代での減少率がおよそ50％という現実がある。ちなみにアジアゾウの象牙は1975年に、アフリカゾウの象牙は1989年にワシントン条約の取引禁止リストに加えられている。過去1999年に一度だけ日本への輸入が行われたが21世紀になってからは無い。注目したいのはその象牙の行き先は中国と日本に限られているということ。中国では置物や彫刻品・アクセサリーなど装飾品としての使用が多いが、日本では主に印鑑としての需要がほとんど。基本的に印鑑業者が違法に入手したものを使っていないことは確かであろうが、日本伝統の印鑑文化が、彼らを脅かす一因になっていることは容易に想像ができる。ちなみに、東山動植物園にいるアジアゾウは1973年（昭和48年）に来園した「ワルダー」と、2007年（平成19年）にスリランカのピンナワラのゾウの孤児園（Pinnawela Elephant Orphanage）からやってきたメスの「アヌラ」とオスの「コサラ」、そしてその2頭から生まれた「さくら」の計4頭。スリランカに縁があるからだろうか、東山動植物園に2013年（平成25年）に出来た新アジアゾウ舎『ゾージアム』にはスリランカで話されているシンハラ語のサインがある。私たちも彼ら4頭を通して、仲間たちが棲むアジアの森に思いが馳せられればと思う。

マレーバク

Tapirus indicus
奇蹄目バク科
Red List Category／EN
Date Assessed／2008-06-30

マレーバクはその名前の通りマレーシアを中心としたアジアの森の中で暮らす、白と黒の2トーンカラーの体とちょっと長い鼻が特徴の動物。夜行性のマレーバクはこの2色の体を保護色にして闇夜に隠れながら暮らしている。目があまりよくない分鼻が発達しており、匂いや音に対してとても敏感な臆病な動物と言われている。そんなマレーバクも森の喪失によって棲む場所を無くし、過去3世代（約36年）で50％も減少したと言う。

ユキヒョウ

Panthera uncia
食肉目ネコ科
Red List Category／EN
Date Assessed／2008-06-30

ユキヒョウは中央アジアを中心にしたエリアの、標高600〜6,000メートルの高地、岩場や草原・樹高の低い針葉樹林などに生息する。特長はその体色。淡いグレーに黒や褐色の斑紋が体面に広がる。また体毛は長く、特に寒さが厳しくなる冬には腹部の体毛は12cmほどにもなるという。
四肢は他のネコ科の動物に比べると短く骨太でどっしりとし、尾は太くて長い。これらは全て高山の岩場や森などの足場が不安定な斜面や雪上でバランスをとるためと言われている。その淡いグレーの体毛は雪の中や岩場では保護色となり主に中型の哺乳類を捕らえて食べることが多い。
しかし毛皮の需要が多く、骨も薬用になると信じられていることなどから乱獲され、また人里に下りれば家畜を狙う害獣とされ駆除対象になることが多い。

ペルシャヒョウ

Panthera pardus ssp. saxicolor
食肉目ネコ科
Red List Category／EN
Date Assessed／2008-06-30

西アジア原産のヒョウの一亜種。2008年のレポートでは生息数が871〜1,290頭と報告された。イランをはじめトルクメニスタンやウズベキスタン、タジキスタン、またコーカサス地方にも生息する。中でもイランが一番多いと言われるがそれでも550〜850頭という少なさだ。体毛が長く、体色はやや淡く明るい黄色で、黒の斑点が体の内側にも広がっている。実は、東山動植物園で撮影されたこのペルシャヒョウのシラツ（雌）はもういない。2015年の10月23日に死亡が確認された。緑内障に伴う角膜炎が重症化し、手術や投薬治療を施したものの、シラツと獣医師・飼育員の努力の甲斐もなく息を引き取った。1995年5月にアメリカのオークヒル希少動物センターから来園しその生涯は19年にわたった。性格は大らかで、飼育員の姿を見つけると檻越しに身体を擦りつけて触ってほしがるなど甘えん坊な部分もあり、堂々とした佇まいは来園客にも親しまれた。野生下での寿命は長くて17年、平均10〜12年と言われている中、彼女はアメリカのオークヒル希少動物センターから、縁あって海を渡りこの東山動植物園に来園した。みんなから愛された19年。十分生命を全うしたのではないだろうか。

スナドリネコ

Prionailurus viverrinus
食肉目ネコ科
Red List Category／EN
Date Assessed／2010-02-03

"漁る"と書いて"すなどる"と読む。このスナドリネコはネコ科の動物には珍しく魚食動物である。泳ぎの得意なスナドリネコは、魚のほか貝やザリガニ・カエルなどを捕って暮らしている。
主にインドネシアに生息し、その他はインドなどにも生息している。
彼らが暮らす湿地は開発の影響を受けやすい場所の一つで、湿地の破壊や劣化が彼らの命を脅かしている。

フクロテナガザル

Hylobates syndactylus
霊長目テナガザル科
Red List Category／EN
Date Assessed／2008-06-30

「ホゥッ、ホゥッ、ホゥッ、アーー!!! アッアッアッ!」とけたたましい叫び声のような鳴き声がどこからか聞こえる。この鳴き声の主はフクロテナガザルである。2km先までこの声が谺すると言われるくらいの大きな声。喉にある大きなグレープフルーツほどの喉袋に、いっぱい空気を溜め込んで一気に喉を鳴らし叫ぶのだ。

大きな鳴き声で人気のフクロテナガザルは、マレー半島やスマトラ島の森に暮らしている。木の上で生活する樹上性で、木から木へ移りながら移動するため手が長くて太いのも特長のひとつ。彼らは環境適応力が高いと言われているものの、暮らす森は1960年ごろからの約50年ほどの間に70〜80%が失われ、個体数を3世代（約40年）の間に50%減少したと言われる。あまりにも速いスピードの生息環境の破壊が彼らを死に追いやっている。

もしかしたら、マレー半島やスマトラの森で遠くから谺する鳴き声が聞かれなくなる日も来るかもしれない。そんな想像はしたくないものだ。

ボルネオテナガザル

Hylobates muelleri

霊長目テナガザル科
Red List Category／EN
Date Assessed／2008-06-30

ミューラーテナガザルとも言う。ボルネオ島の固有種で北部や東部に生息する。テナガザルの中でも小型の種で平均体重は5.7kg。ほかのテナガザル同様、夫婦仲良く子どもを加えた家族単位で行動する。伐採による森林破壊とペット用の密猟により個体数は減少している。

ワオキツネザル

Lemur catta
霊長目キツネザル科
Red List Category／EN
Date Assessed／2012-07-12

マダガスカル島の固有種。特徴的なのは長い尾。白地に黒の輪っかが何本も入ったようなその尾は、体長よりも長い。その長い尾を真上にピンと立てて移動するその様はとても愛らしい。しかし、食用やペットにするための乱獲や、生息地の喪失などが彼らを脅かす。ちなみに学名にある"catta"はラテン語で猫を意味する。ワオキツネザルの鳴き声は「ナ〜オ」とか「ミャ〜オ」など猫に似ている部分もあることからその名が付いているのだろうか。

タンチョウ

Grus japonensis

ツル目ツル科
Red List Category／EN
Date Assessed／2013-11-01

日本でツルと言えばこのタンチョウのことを言い、古くから「丹頂鶴」として物語や絵画などに認められ、千円札にも図柄として登場するなど、私たち日本人にとってなじみの深い鳥である。タンチョウの「丹」とは赤土色のことをいう。頭頂部にある印象的な赤い羽を表して名付けられている。日本には釧路湿原一帯に留鳥する（渡りをせずに一年中一箇所で暮らす）タンチョウがおり、冬の雪原で行われるオスとメスの求愛ダンスは見る人の目を奪う。というのもタンチョウは一夫一妻で暮らす仲の良い鳥。時折この求愛のダンスを交わすことで、お互いの絆を確かめ合っているのだそうだ。

メキシコウサギ

Romerolagus diazi
ウサギ目ウサギ科
Red List Category／EN
Date Assessed／2008-06-30

英名で"Volcano rabbit＝火山ウサギ"と呼ばれるメキシコウサギは、メキシコのイースタークシーワートル山、ティアロク山、ペラト山、ポポカテペトル山という4つの火山地帯に生息するウサギである。体はウサギの種類の中でピグミーウサギについで2番目に小さく、四肢も耳も短いため全体的に丸くコロコロした印象を持つ。松林のあるイネ科の草が茂る草原などに生息し、巣穴を掘って暮らしている。東山動植物園では2014年に国内の動物園で初めて繁殖に成功した。

キタイワトビペンギン ［イワトビペンギン］

Eudyptes moseleyi　ペンギン目ペンギン科　Red List Category／EN　Date Assessed／2012-05-01

キタイワトビペンギンは南半球のインド洋及び南太平洋の限られた島々で暮らすペンギンの一種。このイワトビペンギンは他のペンギンのようにヨチヨチ歩かず、両足を揃えてピョンピョン跳ねるように移動することからその名前がついた。英名は"Rockhopper Penguin"。文字通りホッピングするように岩の間を跳ねながら移動する。目の上の黄色の体毛がピョンと跳ね上がりその特徴的な表情は愛嬌がある。過去映画のキャラクターにもなったので知る人も多いはず。

キタイワトビペンギンは南限がオーストラリアの南西に浮かぶ無人島ハード島とマクドナルド諸島で、北限がギネスブックには「世界一孤立した有人島」と記されるトリスタンダクーニャ島を有する英領トリスタンダクーニャ諸島7つの島である。これらの島々でも個体数が減少しておりバードライフ・インターナショナルの2010年の報告によれば、過去3世代（約37年間）の減少は約57％にもおよぶという。絶海の孤島に暮らす彼らを脅かすものは、流し網漁やロック・ロブスター漁といった同じく絶海の孤島で暮らす人々が経済的に自立するための活動そのものなのである。何とも皮肉だ。

さて、みなさんはペンギンが南半球にしかいないということを知っているだろうか？赤道直下のガラパゴス諸島に生息するガラパゴスペンギンが、ガラパゴス諸島が少し北半球にもあるためわずかに生息域が北半球にはみ出ているのみだ。基本的にペンギンは南半球にしか生息していないというのはその所以。しかし19世紀の中頃までは北半球にもペンギンは存在した。というより最初にペンギンと名付けられた鳥がいたのだ。それが右下の絵にもある「オオウミガラス」。1840〜50年代に絶滅したこの鳥にを"Pinguinus"と名付け、本来はこの鳥のことをペンギンと呼んだ。そしてその後発見された南半球の鳥たちが「オオウミガラス」に似ていたことから南極ペンギンと言ったのである。しかしこのオオウミガラスはなぜ絶滅したのか？それは18世紀から始まる北の海の大航海時代というべき時代背景に他ならない。15世紀後半から始まったヨーロッパ強国による新大陸発見の航海は一段落し、18世紀には北の海に目が向く。その中で多くの動物たちが日の目に晒され毛皮や脂・食肉用として捕らえられ絶滅する種も数を増やした。中でも体長が7メートルとも8.5メートルとも言われたジュゴンの仲間のステラーダイカイギュウやメガネウなどと同様このオオウミガラスも絶滅する。北の海の岩礁地帯に広く生息していた彼らは好奇心旺盛で船が近づいてきても興味本位でひょこひょこ近づいてしまう。そこに降りたった人間たちに棍棒で頭を殴られ、次から次へと船へと放り投げられたと言う。その漆黒の羽が飾り羽として高く売れるというだけで。でも同じようなことが今の時代でも世界のどこかで起こっている。それが情けなく悲しいのである。

© John Gerrard Keulemans

ホオジロカンムリヅル

Balearica regulorum
ツル目ツル科
Red List Category／EN
Date Assessed／2013-11-01

アフリカに生息する額のビロード状に生えた羽毛や、頭頂部に麦わらを束ねたような冠羽が美しいホオジロカンムリヅル。農地化やインフラ整備などの開発による生息地や繁殖地の劣化が彼らの減少を加速させている。その証拠に2008年までIUCNのレッドリストカテゴリーもLC（軽度懸念）であったのに、2012年の報告ではEN（絶滅危惧ⅠB類）となった。ウガンダでは国旗や国章にホオジロカンムリヅルがあしらわれている。しかし減少率が深刻である状況は悲しい問題と言える。

スミレコンゴウインコ

Anodorhynchus hyacinthinus
オウム目インコ科
Red List Category／EN
Date Assessed／2013-11-01

ボリビア、パラグアイ、ブラジルの固有種であるスミレコンゴウインコ。名にもあるきれいな菫（スミレ）のようなブルーと黄色のコントラストが美しい。しかし黄色い部分には実は羽毛が無く黄色い皮膚が裸出しているのである。私たちは動物園でしか見ることが出来ないが、想像して欲しい。ブラジルの草原や湿地で彼らが飛び、小さなコミュニティごとに羽を休めている光景を。さぞかし美しいことだろうと。

キボシイシガメ

Clemmys guttata
カメ目ヌマガメ科
Red List Category／EN
Date Assessed／2010-08-01

キボシイシガメはアメリカ合衆国とカナダの一部の州に生息するカメで、湿地や小川そして濡れた牧草地や森など水気のある場所を好み生息する。体は黒か黒褐色でその体に黄色い斑点が点在する。この黄色の斑点が夜空に輝く星のようだということでこの名前がついた。

セマルハコガメ

Cuora flavomarginata
カメ目イシガメ科
Red List Category／EN
Date Assessed／2000-06-30

ハコガメとは、腹甲（腹面の甲羅）が蝶番のように横に折れる構造になっており、首や手足を引っ込めた後、この蝶番状の甲羅を折り曲げ背骨の甲羅と密着させることで、首や手足が全て箱にスッポリ入ってしまうようになる体の構造を持つカメのことを言う。このセマルハコガメは中国の一部の省や台湾、そして日本の南西諸島の池や水田といった水辺に生息する。農地拡大による生息地の破壊が彼らの居場所を無くしている。

エミスムツアシガメ

Manouria emys
カメ目リクガメ科
Red List Category／EN
Date Assessed／2000-06-30

バングラデシュ、インド、インドネシア、マレーシア、ミャンマー、タイ、ベトナムなどの国に生息。主に標高1,000メートル以下にある熱帯雨林などに生息する陸棲のカメである。開発による生息地の破壊および食用・薬用の乱獲などにより減少している。

シリケンイモリ

Cynops ensicauda
有尾目イモリ科
Red List Category／EN
Date Assessed／2004-04-30

日本の奄美諸島と沖縄諸島の湿度の高い森林や草原に生息する固有種。流れの遅い川、池や湿原などで産卵するが、それら生息域や繁殖エリアを失いつつあることが主な減少理由。

ナゴヤダルマガエル

Rana porosa brevipoda
無尾目アカガエル科
環境省レッドリスト／絶滅危惧ⅠB類（EN）

ダルマガエルは日本の固有種であり、そのうち愛知県から広島県、香川県の低地の水辺に生息するものをナゴヤダルマガエルと言う。なお仙台平野から関東平野にかけて生息する固有亜種はトウキョウダルマガエル（*Rana porosa porosa*）と言い、IUCNでは両亜種をまとめたダルマガエル（*Pelophylax porosus*）をLC（軽度懸念）としている。体型は真ん丸で後ろ足が短い。これがダルマさんのようということで、この名前がついたと言われる。よく見ると可愛らしい。

VU

【VU】とは、Vulnerableの略。絶滅危惧Ⅱ類と訳される。vulnerableには「傷つきやすい」という意味があることなどからも、絶滅危惧種の3つのカテゴリーの中では一番絶滅危険度が低いものの、種として今なお傷つきやすいということが想像できる。このカテゴリーは中期的にみて野生下で絶滅する危険性がある種が該当し、その基準としてIUCNでは以下のように定めている。
❶成熟した個体数が1,000未満の種（個体数が安定している場合も含む）。❷個体数が10,000未満で、かつ、10年間あるいは3世代で10%以上減少している、または、1,000以上の成熟個体数を含む個体群がないもしくは一つの個体群に全ての成熟個体が存在している。❸10年あるいは3世代どちらか長い方の期間で30%の減少が観察・予想される種。❹分布域が2万平方km未満で、分布域・個体群が縮小の方向へ大きく数を変動させている種。❺今後100年間における絶滅確率が10%以上の種。
CRは絶滅寸前でENは20年で絶滅の可能性が20%以上とあることから比べれば、VUの100年という数字は、自分が生きている間に絶滅を目にすることが無いとも言える。しかし、彼らを傷つけていることだけは確かなわけであるから、人間ももう少し自分のことばかりではなく彼らに目を向けることが必要なのではないか。彼らのことを考えることは、自然やこの地球のことについても考えることに繋がる。それは人間と自然やこの星との関わり方についても考えるきっかけにも。それがひいては私たち人間にとっても良い未来を手に入れる近道なのかも知れない…と思うのだ。

ホッキョクグマ

Ursus maritimus
食肉目クマ科
Red List Category／VU
Date Assessed／2015-08-27

シロクマの愛称で親しまれるホッキョクグマ。クマの種類の中では最大の大きさを誇る。体長は大きなオスの方で200〜250cm、体重は最大800kg（通常400〜600kg）にもなるという。生息地は北極海の氷原。氷原とは、地面が氷で覆われている広い地域のことを言う。この人間からすれば極地と言われるような場所が彼らの棲家なのである。その氷原の喪失こそがホッキョクグマの存続を脅かしている。北極海。日本人にとってあまり身近でないその場所は、社会では大きな注目の的だ。例えば、石油、天然ガスなどのエネルギーや、現代の経済社会で必要とされる多くの重鉱物を含む漂砂鉱床（ひょうさこうしょう）などの鉱山資源や、北極海に生息する豊富な生物資源が注目され、北極海は資源開発・資源採取に湧いているのである。アラスカの石油プラントの近くをホッキョクグマが歩いている写真が時折話題になるが、その原因はここにある。今まで開発とは縁遠かった氷の大地が開発に湧いている。また温室効果ガスが原因で起こる地球表面の大気や海洋の平均温度の上昇が北極海の氷を溶かしていることも問題だ。イコール彼らの居場所がどんどん無くなっているのだから。

マレーグマ

Helarctos malayanus
食肉目クマ科
Red List Category／VU
Date Assessed／2008-06-30

インドやインドネシアなど、アジアの森林に生息しクマの仲間で最も小さい種。体長は100〜150cm、体重は25〜65kgほどと言われる。マレー語で"basindo nan tenggil"と呼ばれ「高いところに座るのが好きな者」の意味を持つことなどからもわかるように、夜行性で昼間は低い枝の上で休んでいることが多い。

メガネグマ

Tremarctos ornatus
食肉目クマ科
Red List Category／CR
Date Assessed／2008-06-30

メガネグマは南米大陸に生息する唯一のクマ。コロンビアのペリハ山脈を北限にボリビアまでの熱帯アンデス地域に生息する。メガネグマの和名は目の周りや喉元にある白や黄白色の斑紋がメガネのように見えることからその名が付いているが、個体ごとにその斑紋はいろいろで入らないものもいるという。メガネグマは果物や多肉植物などを中心にした雑食。それゆえ鉱山開発やそれに伴う道路整備など、環境の変化が彼らを脅かしている。

ライオン

Panthera leo
食肉目ネコ科
Red List Category／VU
Date Assessed／2014-06-17

百獣の王として知られるライオンも、生息数は3世代・21年の間で約43%減少している。このままいけば当然絶滅という淵に至る。減少の原因で大きいのは、人間や家畜の生活圏とのバッティングによる生息面積の減少である。

また最近話題になったのは、スポーツハンティングという言葉である。ジンバブエの国立公園で保護されていた"セシル"という黒い鬣（たてがみ）が威風堂々として人気のあったオスのライオンがスポーツハンティングの犠牲になった。スポーツハンティングというのは、国やその出先機関にお金を払い、そこに保護されている動物を狩猟させるものである。しかしどこにも違法性はない。

ちなみにライオンはリーダーのオスが殺されると新しいオスが迎えられ、前のオスの授乳が必要な子どもたちは全て殺されてしまうという。セシルが殺されたことで新しいオスがボスとなったはずだ。しかしセシルのオスの子どもたちは多分殺されてしまっただろう。こんな所にもスポーツハンティングの罪がある。

インドサイ
Rhinoceros unicornis
奇蹄目サイ科
Red List Category／VU
Date Assessed／2008-06-30

インド北東部とネパールの丈の長い草が生い茂る草原や沼沢地、河川沿いなどに生息する。サイの種では大きな種で大きなものでは体重が3,500kgにもなるという。アフリカにいるクロサイとの違いは何と言ってもその鎧を着たようなひだの入った皮膚である。角はクロサイが2本であるのに対して1本というのも大きな違い。しかしクロサイ同様この角が狙われる。解熱剤・強精剤として効くと信じられ、最近ではエイズの薬の原料にもあると言われているがどれもその根拠はない。
生息地はこの地域の爆発的な人口増加により破壊され喪失傾向にある。特に深刻なのは生息エリアがいくつもあるというのではなく、10個以内に限られるということだ。これはそのエリアに個体数が充実していても、洪水や地震などの大きな気候変化や天変地異などでそのエリアが壊滅的な打撃を受けることで瞬間的に数を減らすということが考えられる。特にインドサイは妊娠期間が462〜491日と長く、子どもが2歳を超えないと次の妊娠準備に入れないなど、種として新たな個体が生まれにくいという状況もある。
いろんな問題が絡み合い絶滅という2文字に近づいていくのだ。

アフリカゾウ

Loxodonta africana
長鼻目ゾウ科
Red List Category／VU
Date Assessed／2008-06-30

アフリカゾウは陸棲生物としては最大の種である。アジアゾウに比べ耳が大きく、これは放熱や体温調節に役立っていると言われる。アフリカゾウの最大の特徴の一つにその長い牙がある。その牙はほぼオスしか伸びないアジアゾウと違い、オス・メス共に長く発達する。しかしその立派な牙が狙われ乱獲により数を減らした。アフリカで生息する動物の共通の問題は、アフリカの急激な人口増加による生息地の破壊と、紛争による生息地の喪失・違法な狩猟の横行にある。アフリカゾウはその大きさゆえ恣意的に殺されることもあり、数を減らしている。

カバ

Hippopotamus amphibius
鯨偶蹄目カバ科
Red List Category／VU
Date Assessed／2008-06-30

水面から顔の側面一直線に鼻と目と耳だけを出して周囲を窺う大きな動物。それがカバであり彼らを愛らしく見せるひとつのポイントになっている。主にアフリカ大陸の赤道直下の周辺地域の川や湖に棲んでいる。陸上動物としてはゾウに次ぐ大きさを持っているが、1日の大部分は水中で過ごし夜になると陸に上がり草などを食べる。縄張り意識が強く、見た目と逆の獰猛な性格ゆえに人間とよく衝突し、アフリカでの動物による死亡事故はカバが一番多いと言われている。それゆえ殺されたり、肉や長い犬歯を狙っての密猟などが、彼らを減少させる一因になっている。

ブラジルバク

Tapirus terrestris
奇蹄目バク科
Red List Category／VU
Date Assessed／2008-06-30

アメリカバクとも言われるこのバクは、南米大陸の水辺近くの森林や湿地に生息し、草や果実、水草などを食べる草食動物である。夜行性のブラジルバクは昼は茂みなどで休み夜になると、草や木の皮、水草などを食べる。成獣は薄い茶色い毛で覆われているが、幼獣は濃い茶褐色に白い縦縞が入っており、イノシシのウリ坊のようである。
森林の農地化などにより、生息地が減少し家畜と競合することで狩猟の対象になることが多い。

コツメカワウソ

Aonyx cinerea
食肉目イタチ科
Red List Category／VU
Date Assessed／2014-06-01

コツメカワウソは、東南アジアや台湾・中国南部、インドなどの南アジア地域に生息する。河川やマングローブの森や湖などに生息し、特に水深1m以下の水辺を好む。主に魚類やカエル、甲殻類や貝類などを食べる。人口が増えると、河川をはじめ水辺の環境も開発され人間にとっては整えられるが、彼らにとってはエサが無くなったりして、生息環境がどんどん縮小している。

フンボルトペンギン

Spheniscus humboldti
ペンギン目ペンギン科
Red List Category／VU
Date Assessed／2013-11-01

フンボルト海流が流れる南アメリカ大陸のペルーからチリにかけての沿岸地域に生息する体高65cmほどの中型のペンギン。目の周り、頭部に沿って流れる白いラインが特長である。海岸の洞窟や石の間に巣を作り、毎日この巣と補食のために出向く海を往ったり来たりして過ごしている。
彼らの脅威は、漁業で使われる網。漁網に絡んで死ぬケースが多く、他にはペットとしての密猟などにより数を減らしている。

マンドリル

Mandrillus sphinx
霊長目オナガザル科
Red List Category／VU
Date Assessed／2008-06-30

ガボンやカメルーン、コンゴなど、中部アフリカ地域の熱帯雨林に生息するサル。特徴的なのはオスの顔。特に大人のオスは赤い鼻、青い頬、黄色い髭が色鮮やかで、日中でも光が少ない森の中で仲間を見分けるのに役立つと考えられているそうだ。
この特徴的な顔ゆえ、動物が主人公になったアニメに登場することも多い。

オオアリクイ

Myrmecophaga tridactyla

有毛目オオアリクイ科
Red List Category／VU
Date Assessed／2013-11-06

南米大陸の草原や沼や池の近く、また日の入る森などに生息する。特徴的な細長い顔の先端からこれまた細長い舌を出して、アリやシロアリなどを食べる。しかもその舌を1分間に約150回も出し入れしてアリを食べるというから驚きだ。しかし彼らはある意味地球に優しい。一つのアリの巣を平らげるのではなく、行動範囲内のアリの巣を一つ一つ巡りながら、一日の食を満たしている。そうすることで、アリのコミュニティも無くなることなく、オオアリクイも食を絶やさないということなのだ。

ビントロング

Arctictis binturong
食肉目ジャコウネコ科
Red List Category／VU
Date Assessed／2008-06-30

ビントロングは黒くてフサフサした体毛と長い尾が特徴的なジャコウネコの中でも最大の大きさを誇る。インドやインドネシア・マレー半島など、南アジア・東南アジアの森に生息し、基本的に樹の上で暮らしている。毛皮目的の密猟や開発による森林の喪失などが原因で数を減らしている。

スンダスローロリス

Nycticebus coucang

霊長目ロリス科
Red List Category／VU
Date Assessed／2008-06-30

丸顔に大きな目と濡れた鼻、そしてその名の通りゆっくりとした動きが見ていて飽きないスローロリス。マレー半島やインドネシアなどの東南アジアに生息するサルの仲間である。しかしこの可愛さが彼らを絶滅の淵に追いやっている。東南アジアでは保護されているにもかかわらず、ペットとしての違法な取引が多い種の一つである。

アルダブラゾウガメ

Geochelone gigantea
カメ目リクガメ科
Red List Category／VU
Date Assessed／1996-08-01

アフリカの東、インド洋に浮かぶ島々、セーシェルの固有種であるアルダブラゾウガメ。実はこのアルダブラという名前はセーシェルのあるアルダブラ環礁から名付けられている。そしてこのアルダブラ環礁こそ世界最大級のゾウガメの生息地であり、それを代表するのがこのアルダブラゾウガメなのだ。特長は大きな体。大きなものになると甲羅の長さが1mを超える。大きくて盛り上がった甲羅はどこの動物園でも大人気だ。

余談であるが、カメの中でもゾウガメは長寿で知られるが、セーシェル諸島のバード島に棲む「エスメラルダ」と名付けられたカメは推定200歳以上と言われ、私たち人間が想像できないほどの時間を過ごしている。現代の地球の姿を見て何を思うのだろうか。

パンケーキリクガメ

Malacochersus tornieri
カメ目リクガメ科
Red List Category／VU
Date Assessed／1996-08-01

ケニアなどアフリカの北東部に生息するパンケーキリクガメは乾燥した岩場を好む。岩の下や間に身を隠すように暮らす。その時に役立つのがこの扁平な甲羅なのだ。その名の通りパンケーキのように扁平でかつ柔らかい甲羅は岩の間に身を寄せるのに適しており、岩間に身を置くことで外敵から自分を守っている。

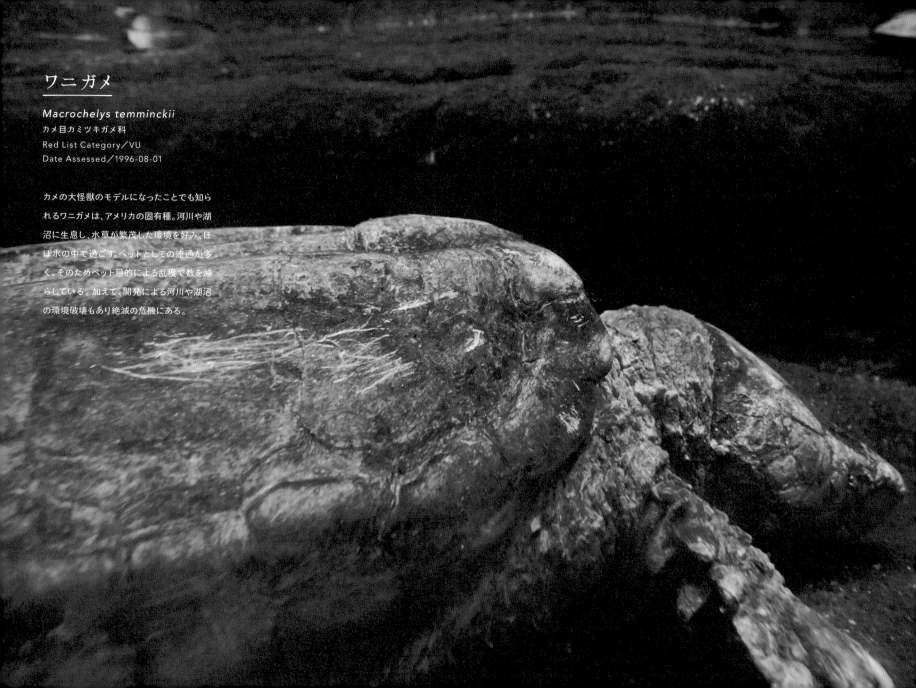

ワニガメ

Macrochelys temminckii
カメ目カミツキガメ科
Red List Category／VU
Date Assessed／1996-08-01

カメの大怪獣のモデルになったことでも知られるワニガメは、アメリカの固有種。河川や湖沼に生息し、水草が繁茂した環境を好み、ほぼ水の中で過ごす。ペットとしての流通が多く、そのためペット目的による乱獲で数を減らしている。加えて、開発による河川や湖沼の環境破壊もあり絶滅の危機にある。

ニシアフリカコガタワニ

Osteolaemus tetraspis
ワニ目クロコダイル科
Red List Category／VU
Date Assessed／1996-08-01

名前の通り小型のワニで、最大でも2mほど。他のワニに比べ丸顔で性格も温和であるという。陸棲傾向が強いため動物園でも水から上がっていることが多い。このワニのレッドリストの発表は1996年と20年も前のデータになる。それから彼らの棲むアフリカは紛争があり干ばつがあり人口の増加もあり、生息環境が悪化していることは容易に考えられる。彼らの今はどうなっているのだろうか…。

オオホウカンチョウ

Crax rubra

キジ目ホウカンチョウ科
Red List Category／VU
Date Assessed／2012-05-01

中南米の熱帯雨林に生息するオオホウカンチョウはクリンクリンとカールした冠羽が可愛いと評判。このカールした冠羽は雌雄共通でオスは漆黒の羽が、メスは黒と白のまだらの羽がカールしている。またオスにのみくちばしの基部に黄色のこぶがあり誇らしげだが、メスにはどんな風に映っているのだろうか…。

キエリボウシインコ

Amazona auropalliata
オウム目インコ科
Red List Category／VU
Date Assessed／2012-05-01

襟巻きのように首の後ろに黄色の羽を巻くキエリボウシインコ。グアテマラ、エルサルバドル、ニカラグアなどの中央アメリカの半乾燥林、サバンナ、マングローブの森などに暮らす大型のインコである。この大型のインコは15世紀末から始まった大航海時代で中央アメリカ、南アメリカ、北アメリカと新大陸が発見される中で、その美しさゆえ多くの種が乱獲され絶滅の憂き目に遭っている。人の声真似をし愛嬌ある性格も含めて、彼らの持つ個性全てが絶滅への要因につながった悲劇の鳥とも言える。現在もペットとしての乱獲は止まず、生息地も開発により破壊され個体数を減らしている。

ミドリコンゴウインコ

Ara militaris

オウム目インコ科
Red List Category／VU
Date Assessed／2013-11-01

メキシコやアルゼンチン、ボリビアなど中南米に生息するミドリコンゴウインコ。湿気の多い低地林や緑豊かな丘陵地帯・渓谷を好む。オリーブのような緑色と海の色を思わせる青色の羽と、目の周りの薄桃色やくちばしの上の朱の羽など、とにかく美しさに見とれてしまう。大航海時代、ヨーロッパからの探検家たちもこの鳥を見て、今の私たち以上にその美しさに驚いたことだろう。

マナヅル

Antigone vipio

ツル目ツル科
Red List Category／VU
Date Assessed／2012-05-01

中国北東部やモンゴル北東部、アムール川流域で繁殖し、冬になると越冬するため鹿児島県の出水平野に渡ってくることで知られる冬鳥である。湿地や池沼地・干潟など水気のある場所を好む。農地や干潟などでもその姿が見られるが、農地や宅地の開発などで生息環境が脅かされ数を減らしている。

ホオカザリヅル

Bugeranus carunculatus
ツル目ツル科
Red List Category／VU
Date Assessed／2013-11-01

あたかも頬が垂れたような白い肉垂れを持つホオカザリヅル。そのオレンジ色の目の上はグレーの羽毛が、また目の前からくちばしにかけて羽毛がなく赤い肌が露出する。エチオピアからボツワナやモザンビークまでのアフリカ東部・南部に生息するツルの一種。湿地や水辺を好み生息する彼らも、川の汚染や湿地の喪失などで行き場所を無くしている。

サカツラガン

Anser cygnoid
カモ目カモ科
Red List Category／VU
Date Assessed／2012-06-01

中国は長江の上流域に三峡ダムという大きなダムを2009年に完成させた。発展に向かう中国の中にあって電力供給と河川氾濫を無くすために作られた貯水池だけでも、およそ660kmにも及ぶと言われる巨大なダムである。そのダムの完成によって、サカツラガンの代表的な越冬地である、長江南岸にある中国最大の淡水湖「鄱陽湖（はようこ）」の水位が下がってしまった。近年の急激な越冬地の環境変化は彼らにどのような影響を及ぼすのだろうか？

アルマジロトカゲ

Cordylus cataphractus
有鱗目ヨロイトカゲ科
Red List Category／VU
Date Assessed／1996-08-01

このトカゲの名前の由来にもなっている「アルマジロ」とは、カラダが鱗状の堅い板で覆われた、あたかも全身に鎧をまとったかのような哺乳類である。敵に襲われそうになると体を丸めて堅い鎧で身を守ることで知られている。このアルマジロトカゲも、通常は岩の隙間などにその扁平な体を活かして潜むように暮らしているが、その名前の通り外敵が現れると尾を咥えて体を丸めて身を守る。ペット用に乱獲され個体数を減らしている。南アフリカの固有種。

オオヨロイトカゲ

Cordylus giganteus
有鱗目ヨロイトカゲ科
Red List Category／VU
Date Assessed／1996-08-01

トゲトゲの体がどこか恐竜を思わせるオオヨロイトカゲは、その名の通り全身を棘状の突起で包む。南アフリカの固有種である。英名では「Sungazer」と言い、これは太陽を見つめる者という意味を持つ。日光浴の好きなオオヨロイトカゲは太陽に向かって四肢を伸ばし体を反るようにして太陽に向かうことからこのような名が付けられたという。

スッポンモドキ（左）

Carettochelys insculpta
カメ目スッポンモドキ科
Red List Category／VU(A1bd ver 2.3)
Date Assessed／2000-06-30

ニホンスッポン（右）

Pelodiscus sinensis
カメ目スッポン科
Red List Category／VU
Date Assessed／2000-06-30

スッポンモドキとニホンスッポン＝通称"スッポン"は種として近い仲間と言われているが大きく違う所がある。それは"足"だ。スッポンモドキは足がオール状になっているのに比べ、ニホンスッポンは指にしっかりしたかぎ爪が付いている。これはスッポンモドキがほぼ水の中で過ごすため泳ぐことに特化して足がウミガメのようにオール状になり、スッポンの方は水陸両方で過ごすため両方に対応できるようになっているのだ。
良く言うスッポン料理のスッポンは殆どが養殖されているスッポンであるが、野生個体はスッポンモドキも同様に生息環境の変化により個体数を減らしていると考えられている。

キアシガメ（左）

Chelonoidis denticulata
カメ目リクガメ科
Red List Category／VU
Date Assessed／1996-08-01

ギリシャリクガメ（右）

Testudo graeca
カメ目リクガメ科
Red List Category／VU
Date Assessed／1996-08-01

背中の甲羅がドーム状に盛り上がるリクガメの仲間たちは、ある程度の大きさがあり、ゆっくりした動きと慣れるとその表情が愛らしく思えてくることなどからペットとして飼われることが多い。しかしペット用としての過剰な乱獲が個体数を減らす原因になっていることも確かだ。いずれにしても人間の欲求が彼らを絶滅という淵に追いやっていることは確かなのである。

オオサンショウウオ

Andrias japonicus
有尾目オオサンショウウオ科
環境省レッドリスト／絶滅危惧Ⅱ類（VU）

オオサンショウウオは愛知県・岐阜県以西の河川に生息する大型のサンショウウオで日本の固有種である。大きさはチュウゴクオオサンショウウオと並び世界最大級と言われ、大きなもので全長150cmにもなるという。河川上流のきれいな水を好み、昼間は水辺に掘った巣穴などにいることが多い。
IUCNのレッドリストでは保全状況がNT（Near Threatened：準絶滅危惧種）とされているが、環境省のレッドリストでは絶滅危惧Ⅱ類（VU）と定めていることと、日本では特別天然記念物に指定されており捕獲し食用として用いることを禁じられている。

カスミサンショウウオ

Hynobius nebulosus
有尾目サンショウウオ科
環境省レッドリスト／絶滅危惧Ⅱ類（VU）

オオサンショウウオと同じ日本の固有種であるが、その大きさは大きなものでも13cmと比べものにならないくらい小さい。愛知県・岐阜県以西の西日本の湧き水のある場所や水田周辺などの水辺に棲む。夜行性であるため昼は石や落ち葉の影などに身を潜めている。
減反政策などによる生息地の減少や開発に伴う水辺の汚染など、町の近代化に伴い数を減らしている。また外来種であるアメリカザリガニや魚類の補食にあうことも数を減らす一因になっている。

EW

アメカ・スプレンデンス

Ameca splendens
カダヤシ目グディア科
Red List Category／EW
Date Assessed／1996-08-01

アメカ・スプレンデンスは、グディア科という熱帯魚の中でも有名なグッピーなどと同じ仲間の小型淡水魚である。かつてメキシコのアメカ川に生息していたメキシコの固有種であり、"生息していた"という過去形こそがこのアメカ・スプレンデンスを紹介するゆえんである。"生息していた＝今はもういない"。このことは野生下にはこの種はもういないということである。アメカ・スプレンデンスは、アメカ川上流域に棲んでいたが、人間の食生活を補うために放流されたナマズやテラピア、バスなどの外来魚に、この小さな魚たちは犠牲になった。こういった外来種が本来この川にあった動物相を破壊することは、放流した段階では知られていなかったが、今となっては後の祭りである。

IUCNの定義するレッドリストのカテゴリーには野生下では絶滅し、繁殖化でのみ生き残っている種を「EW：Extinct in the wild（野生絶滅）」という。現在IUCNが評価している種は動植物合わせて69種。その内、貝や昆虫も含めた動物類が32種。そのいずれも何らかの人為的な原因で野生下では絶滅したと言ってもよい。その原因はさまざまで、人間の嗜好心を満たすためであったり、人間の食生活を満足させるために外来種を多数導入したことによる生態系の破壊であったり、人間の経済活動のために、森を切り、湿地や川を埋めたことによる自然破壊。最近では紛争による環境破壊や、地球温暖化による環境の劇的な変化ということも挙げられる。野生絶滅した彼らは当然自然に絶滅したわけではない。環境が変わらなければまだまだ生きながらえていたことは確かなのである。

人による人のための物事の見方が彼らを追いやったと言っても過言ではない。

世界のメダカ館

東山動植物園には日本そして世界にも誇る施設がある。それが【世界のメダカ館】だ。世界にも類を見ないメダカに特化した水族館である。展示しているメダカ・水生動物はおよそ200種。こんなに多くの種を展示するのは日本では東山動植物園だけだ。

ところで、なぜメダカなのか？

まず一つあげるとすれば、私たちのいる場所が日本であるということ。日本はお米を食べる国だからだ。メダカは田んぼを始めとする流れの少ない小川・池沼地などの"止水域"に棲んでいる。昔、田んぼや里山にはメダカが沢山いた。この国でメダカ館を作るということは必然であったのだと言える。

もう一つは"縁（えにし）"。名古屋大学名誉教授で生物学者の故・山本時男先生との出会い。先生は戦前からメダカの研究をしていた。それも累代飼育といい、卵を産ませ、孵化させ、育てる。これを繰り返し遺伝子を混ぜることなく育ててきた。東山動植物園では山本先生の研究室で育てられた名古屋市内で採取されたメダカを分けていただき、以降継続して累代飼育を行っている。そういった歴史的な背景がこの名古屋の地でメダカ館を作る意義になった。そしてもう一つは"矜持"だ。山本先生の尽力もあり、日本のメダカ研究は100年に及び世界のトップを走る。ゆえにメダカは世界共通語の「MEDAKA」となったのだ。またゲノムが解読されているメダカは、"モデル生物"として生物の成長や進化の謎を解く鍵になっている。生物学の世界でも大変重要な役割を担うメダカに古くから関わってきた矜持こそがメダカ館というカタチになったのだと思う。

実をいうと私たち人間は林や森など目に見える世界はいろいろと知ることができるが、水辺の世界は知らないことが多い。それは見えないからだ。しかしメダカがいるような水辺の自然を見直すことは、水辺の多い日本にあって日本人らしく自然界を見るための一つの標（しるべ）ともいえる。足下の自然に視線を落としてみて、その中にいる小さな生き物の声を聞いてみるのもいいのではないか。

ミナミメダカ ［ニホンメダカ］

Oryzias latipes　ダツ目メダカ科　環境省レッドリスト／絶滅危惧Ⅱ類（VU）

「めだかの学校は 川のなか…♪」と小学生のとき誰しも学校で歌った記憶があるかもしれない。昔の日本では当たり前だったメダカのいる風景。しかし今や絶滅危惧種である。生息環境の喪失が大きな原因であろう。
なぜメダカが絶滅危惧種に？
それは私たち日本人が、豊かになるためにそうなった…としか言いようがない。
私たちが豊かになることで、山は崩され土地は均され、そこに家が建ち並ぶ。そして暮らしやすくするために道路や川岸も整備され、結果としてメダカのいる環境もいつのまにか無くなってしまった。しかし、その時々においては別にどこにも悪は無い。
もう一つはメダカのいる環境が社会に影響を受けやすい場所であるということだ。
小さな川や、止水域のようなあまり流れのない場所、池沼地に生息する動物はその生息環境が狭く小さく限定されていることから、周辺で起こる影響を直接的に受けてしまう。
例えば工場や生活排水などによる汚染や、埋め立てなどによる喪失などである。また水の中の世界が見えにくいこともあって、気づかずに絶滅したということもあるだろうし、手遅れになることも多い。この状況はメダカに限ったことではなく、河川や湖・池沼地に生息する動物全てに当てはまり、その部分での人間の無知が彼らを絶滅に追いやっているのだ。
歌詞に「そっとのぞいて みてごらん♪」とあるように、彼らをもう一度見つめることができれば近い将来彼らの"おゆうぎ"が見られるかもしれない。

※東山動植物園では「ニホンメダカ」と表記されています。

メダカと同じように、昔の日本の田んぼや水路にいたタガメ（左）やゲンゴロウ（右）も、この世界のメダカ館に展示されている。共に環境省のレッドリストに絶滅危惧種として分類されている。お年を召した方には昔はよく見たというものが、今の子どもたちはほぼ見たことがない。これが絶滅危惧種という現実だ。

日本の水辺にいる生き物たち

日本の小川や小さな水辺には多くの生物がおり、また高度経済成長時代以降の環境変化がそれらの生物の生命を脅かしていることは言うまでもない。『世界のメダカ館』にも以前は身近であった絶滅危惧種が多くいる。中でもイタセンパラ、ウシモツゴ、ハリヨはみなさんに知っていて欲しい種の一つである。共通するのは中部地方ゆかりの絶滅危惧種ということ。中でもイタセンパラは濃尾平野の木曽川水系にかつては多く生息していた。川の脇にある大きな水たまりといったワンドなどに棲んでいた。しかし河川改修であるワンドは埋め立てられ生息環境が劇的に減ったことで個体数を減らした。水質の悪化も大きな原因になっている。ウシモツゴも日本の固有種で愛知県のレッドデータブックにも掲載されている貴重種だ。メダカ館で飼育しているのは日進個体群と言われるもの。というようにこれらの小さな生き物たちはエリアによってそれぞれの個体差を持っているため、違う環境に移したとしても、遺伝子が汚染されることに繋がり種の保全に繋がらないため、より環境を確かに保全することが重要となってくる。それからハリヨ。よくニュースで保護の活動などを目にしたことのある方もいるかもしれないが、環境省が定めるレッドリストで絶滅危惧ⅠA類（CR）に分類され絶滅寸前だ。

それからご覧のように一般的に言うドジョウの仲間も絶滅危惧に瀕しているものが多い。ドジョウとは漢字で泥鰌と書き、鰌一文字でも「ドジョウ」と読むが泥の中で過ごすことも多いためそのような漢字が充てられた。水田や小川などの底＝泥のある部分にいることが多いのであろう。しかし川の流れが汚染されることは沈殿した土も汚染されることになる。ドジョウもメダカ同様水辺の環境変化を受けやすい生き物であることに変わりはない。その愛くるしい顔でありながらも、自分達ではどうしようもない厳しい自然の中で毎日を過ごしているのだろう。

1. イタセンパラ　Acheilognathus longipinnis
コイ目コイ科　Red List Category／VU　Date Assessed／1996-08-01

2. ウシモツゴ　Pseudorasbora pumila ssp.
コイ目コイ科　環境省レッドリスト／絶滅危惧ⅠA類（CR）

3. ハリヨ　Gasterosteus microcephalus
トゲウオ目トゲウオ科　環境省レッドリスト／絶滅危惧ⅠA類（CR）

4. イチモンジタナゴ　Acheilognathus cyanostigma
コイ目コイ科　環境省レッドリスト／絶滅危惧ⅠA類（CR）

5. スイゲンゼニタナゴ　Rhodeus atremius suigensis
コイ目コイ科　環境省レッドリスト／絶滅危惧ⅠA類（CR）

6. ニッポンバラタナゴ　Rhodeus ocellatus kurumeus
コイ目コイ科　環境省レッドリスト／絶滅危惧ⅠA類（CR）

7. ミヤコタナゴ　Tanakia tanago
コイ目コイ科　Red List Category／VU　Date Assessed／1996-08-01

8. カワバタモロコ　Hemigrammocypris rasborella
コイ目コイ科　環境省レッドリスト／絶滅危惧ⅠB類（EN）

9. トウカイコガタスジシマドジョウ　Cobitis minamorii tokaiensis
コイ目ドジョウ科　環境省レッドリスト／絶滅危惧ⅠB類（EN）

10. ホトケドジョウ　Lefua echigonia
コイ目タニノボリ科　環境省レッドリスト／絶滅危惧ⅠB類（EN）

11. ネコギギ　Pseudobagrus ichikawai
ナマズ目ギギ科　環境省レッドリスト／絶滅危惧ⅠB類（EN）

12. アカザ　Liobagrus reini
コイ目アカザ科　環境省レッドリスト／絶滅危惧Ⅱ類（VU）

13. アユカケ（カマキリ）　Cottus kazika
カサゴ目カジカ科　環境省レッドリスト／絶滅危惧Ⅱ類（VU）

14. オヤニラミ　Coreoperca kawamebari
スズキ目ペルキクティス科　環境省レッドリスト／絶滅危惧ⅠB類（EN）

15. ニホンウナギ　Anguilla japonica
ウナギ目ウナギ科　Red List Category／EN　Date Assessed／2013-05-30

インドネシアの
メダカたち

インドネシアは1万を超える多くの島々で構成される。その中にインドネシア第4の大きさを誇るスラウェシという島がある。オランダ植民地時代にはセレベス島と呼ばれていたがインドネシア独立後はスラウェシ島と改められた。〈2.オリジアス・セレベンシス〉はセレベスメダカと言われる。セレベス島のメダカという意味なのだろう。11もの火山と、火山の裾野には熱帯雨林が広がり、ポソ湖やトゥティ湖などの大きな湖もあり、これらの特徴的な自然が多くの種を育んできた。大きな湖にはエビやメダカなど固有種も豊富。ここで紹介する〈1.オリジアス・オルソゴナティウス〉〜〈5.オリジアス・マタネンシス〉の5種はスラウェシ島の固有種だ。6、7の2種もインドネシアの固有種である。しかしこれらのメダカがなぜ絶滅に瀕するようになったのか？

1つにはメダカのような小さな生き物に対する無関心だ。湖で漁をすれば大きな魚と一緒にかかる小魚といったところで、そこに暮らす人たちにとってそれほど気にかける生き物でなかったということがあげられる。

それから外来種の導入があげられる。1920年代の植民地化のインドネシアでは、島民の食糧資源の確保の意味を込めて繁殖力の高い食用の魚を多く放流した。そのため島民は食が担保されたものの、メダカにとってはこれらの外来種に補食されあっという間に激減の憂き目に遭う。最近ではスラウェシ島の特徴的な自然環境が見直され、保全への取り組みと同時にエコツーリズムなど自然と経済の両立を目指しつつあるが、21世紀に入ってからの宗教紛争などもあり足踏みも見受けられる。インドネシアはスマトラオランウータンやスマトラトラ、ジャワサイなど大型の絶滅危惧種は多く存在するし、スラウェシ島にもクロザルなどの絶滅に瀕する固有種がいるが、水の中の生き物たちにも目が向けられればと思う。

1. オリジアス・オルソゴナティウス　Oryzias orthognathus
   ダツ目メダカ科　Red List Category／EN　Date Assessed／1996-08-01

2. オリジアス・セレベンシス　Oryzias celebensis
   ダツ目メダカ科　Red List Category／VU　Date Assessed／1996-08-01

3. オリジアス・ニグリマス　Oryzias nigrimas
   ダツ目メダカ科　Red List Category／VU　Date Assessed／1996-08-01

4. オリジアス・プロフンディコラ　Oryzias profundicola
   ダツ目メダカ科　Red List Category／VU　Date Assessed／1996-08-01

5. オリジアス・マタネンシス　Oryzias matanensis
   ダツ目メダカ科　Red List Category／VU　Date Assessed／1996-08-01

6. クセノポエキルス・サラシノムル　Xenopoecilus sarasinorum
   ダツ目メダカ科　Red List Category／EN　Date Assessed／1996-08-01

7. オリジアス・マーモラタス　Oryzias marmoratus
   ダツ目メダカ科　Red List Category／VU　Date Assessed／1996-08-01

＊東山動植物園『世界のメダカ館』では上記オリジアス種のメダカをミナミメダカ（ニホンメダカ）と同じ種類ということもあり、以下のように表記しています。

1. オルソグナサスメダカ
2. セレベスメダカ
3. ニグリマスメダカ
4. プロフンディコラメダカ
5. マタネンシスメダカ
6. サラシノムルメダカ
7. マーモラタスメダカ

メキシコ・アメリカ
アフリカに棲むカダヤシたち

右の1から3はメキシコの固有種で、4は米国、それ以外はアフリカに生息するカダヤシの仲間である。メダカというよりも観賞魚として有名なグッピーの仲間と紹介した方がイメージしやすいかもしれない。さてこの項で特に紹介したいのはメキシコのカダヤシたちである。メキシコの水辺の生物はメキシコシティという都市の発展と大きな関係がある。そもそも世界第9位の人口を誇るメキシコシティのある場所はその昔は湖であった。13世紀末その湖にアステカ人が住みつき干拓を行いアステカ王国ができ繁栄する。そして大航海時代になるとスペイン人が侵略し、より多くの人を受入れられる都市づくりを進める中で干拓と埋め立てが再び繰り返された。現在「メキシコシティ歴史地区とソチミルコ」はアステカの面影を色濃く残すエリアということで世界遺産に登録されている。メキシコシティとソチミルコの湖水群というのはそんな背景をまとっているのだ。その都市づくりや近代化の煽りを食らうかたちになったのが水辺の生き物たち。その昔は種も数も豊富にそれぞれの湖水を行き交っていたと思われるが、町が造られていく中で生息域を分断され、分断されたエリアも縮小化され生息環境も劣化したと推測ができる。ゆえに多くの水生動物やその水辺に依存していた生き物たちは行き場を失ったはずだ。ちなみに〈1.ズーゴネティクス・テキーラ〉は20世紀末まで野生絶滅種として分類されていたが2003年に再発見され日の目を見ることに。しかし、テキーラ火山から名前を付けられた彼らは現在テウチトラン川のあるエリアに非常に小さな個体群で生息するのみ。その個体群の個体数はおよそ500で、その中で成熟した個体は50に満たないとされる。

このメキシコの例は一つの例である。現在爆発的に人口が増え、また局地的に都市化の進むアフリカも例外ではない。自由を得て自身の富や幸福を得るために住む場所を確保し暮らすアフリカの人たちを徒らに責めることはできない。しかし生まれた時からある種の自由と豊かさを持つ私たちこそ真摯に向き合い見つめ続けることが大切なのではないか。

1. ズーゴネティクス・テキーラ　Zoogoneticus tequila
   カダヤシ目グディア科　Red List Category／CR　Date Assessed／2007-03-01

2. カラコドン・ラテラリス　Characodon lateralis
   カダヤシ目グディア科　Red List Category／EN　Date Assessed／1996-08-01

3. クセノフォルス・カプティヴス　Xenoophorus captivus
   カダヤシ目グディア科　Red List Category／EN　Date Assessed／1996-08-01

4. クレニクティス・ベイリィ　Crenichthys baileyi
   カダヤシ目キュプリノドン科　Red List Category／EN　Date Assessed／2011-11-11

5. フンデュロパンチャクス・シーリ　Fundulopanchax scheeli
   カダヤシ目ノソブランキウス科　Red List Category／EN　Date Assessed／2006-06-30

6. アフィオセミオン・ポリアキ　Aphyosemion poliaki
   カダヤシ目ノソブランキウス科　Red List Category／EN　Date Assessed／2009-02-16

7. アフィオセミオン・ボルカヌム　Aphyosemion volcanum
   カダヤシ目ノソブランキウス科　Red List Category／EN　Date Assessed／2009-02-16

8. フンデュロパンチャクス・マーモラタス　Fundulopanchax marmoratus
   カダヤシ目ノソブランキウス科　Red List Category／EN　Date Assessed／2009-02-16

9. アフィオセミオン・バイビタートゥム　Aphyosemion bivittatum
   カダヤシ目ノソブランキウス科　Red List Category／VU　Date Assessed／2006-04-30

10. アフィオセミオン・プリミゲニウム　Aphyosemion primigenium
    カダヤシ目ノソブランキウス科　Red List Category／VU　Date Assessed／2009-02-16

11. ノソブランキウス・コータウザエ　Nothobranchius korthausae
    カダヤシ目ノソブランキウス科　Red List Category／VU　Date Assessed／2006-01-31

キーワードは累代飼育

『世界のメダカ館』にはお客さまにご覧いただく展示水槽が約200ある。しかしバックヤードにはその4倍の約800を超える水槽がある。それは開館した1993年（平成5年）、先にも述べた名古屋大学名誉教授の故・山本時男先生から譲り受けたミナミメダカ（ニホンメダカ）を中心に、卵を産ませ、孵化させ、育てるという"累代飼育"をするためだ。絶滅危惧種についてはほとんど累代飼育をしており、種の保全に積極的に取り組んでいる。

環境教育／未来への種まき

『世界のメダカ館』では毎年「名古屋メダカ里親プロジェクト」という取り組みを行っている。これはメダカ館で育てているミナミメダカ（ニホンメダカ）の稚魚を育ててくれる親子を募集し、夏休みを利用しその稚魚を育ててもらうというものだ。毎年人気のこの取り組みでは必ず育成のための講習会を受けてもらう。そして自由研究発表を経て、最後に『田んぼ水槽』に放流する「放流式」で修了する。小さな命に触れ、子どもたちの自然に対する心を育むという取り組みである。メダカは日本人にとってとても身近な生物。メダカを通していろいろな環境教育がなされている。

動物園の未来へ

過去、動物園は野生から種を導入することで展示を可能にしていた。しかしこれからは種の保全・保護に取り組む施設であることがより求められていくであろうし、そうなっていくであろう。現在世界中の動物園・水族館は、互いに連携し繁殖のために種を貸したり借りたり、またノウハウを共有化するなど一体となった保全への取り組みがなされている。これは全て種として生きながらえさせることを目指し、動物たちを自然の中に戻すことを最大の目標にしているため、決して動物園が絶滅に瀕した動物たちの終の棲家であってはならないのだ。世界のメダカ館では「累代飼育」で培われたノウハウをもとに、その種の保全への取り組みの一翼を担っていくことであろう。

ひとりひとりの意識が、地球を変える。

東山動植物園の北園門を入って50mほど行くとアメリカバイソンの姿が見えてくる。そのエリアはアメリカゾーンの一角で、アメリカバイソンの近くにはシンリンオオカミ、そしてハクトウワシなど北米大陸に生息する動物がいる。

さて、この3種の動物の名前を出したことには意味がある。それらは全て絶滅危惧種から生還した動物たちなのである。アメリカバイソンはヨーロッパ人が入植してくる前はネイティブ・アメリカンの人たちと共存していた。部族の中には衣食住全てをバイソンに依存するものもあったがそれでも数の均衡は保たれていた。しかし入植が始まると食肉・娯楽としての乱獲、また毛皮は高価で売れることなどから徹底的に捕獲された。記録によると入植者が来る前は6,000万頭いたアメリカバイソンが19世紀の終わりには1,000頭未満まで激減したとある。シンリンオオカミも同じく家畜を狙う害獣と見なされ駆逐され、ハクトウワシは1700年代から1960年代にかけて娯楽としての乱獲や生息域の損失および農薬（DDT）の散布などにより一時期は5万つがいいたものが500つがいまで個体数を減らしたと記録されている。

しかし1894年にアメリカバイソンは政府の保護育成政策により狩猟が禁止され、ハクトウワシについては1972年DDTの使用が禁止されIUCNのレッドリストにも記載される流れの中、飼育下の繁殖や営巣地の保護などの努力が積み重ねられた。

保護育成政策の成果は個体数が戻ることだけではない。例えばシンリンオオカミが戻ってきたことで、反比例して増えていたヘラジカなどの草食動物の個体数が減り、植生が回復した。するとその環境にもともと集っていた鳥やビーバーなども戻って来て、そもそもの自然環境回復にも繋がった。個体の回復に努めるということは、その種のことだけに留まらず周囲の自然環境を含めた保全に対する取り組みなのでもある。

いま思うのは、私たちひとりひとりが、可愛いとか恰好いいといった目線で動物たちの表層的な部分にのみ目を向けるのではなく、彼らの抱える事情などにも興味を持つことが、これから自然や動物ひいては私たちの地球を見る際の目線となるような気がする。ひとりひとりの意識が、この地球を変えていくはずだ…と。

東山動植物園で、ぜひ見て欲しい三つの動物。

東山動植物園に行った時にぜひ見て欲しい動物を3種紹介したいと思う。一つはこの写真集の一番最初に紹介した「ソマリノロバ」。本園の入口をまっすぐ行くと右手に見えてくる。しかし来園するみんなは、ただのロバだと通り過ぎる。もしくは見ずに。なぜなら、ロバ舎の手前にライオン舎やトラ舎に向かうための坂があり、そこを登ってしまうとなかなかソマリノロバには出会えない。しかし、日本にたった一頭。この東山動植物園にしかいないロバ。一人ぼっちの彼女のつぶらな瞳を見て欲しい。少し優しい気持ちになれるはず。二つ目は「ツシマヤマネコ」。日本に70頭から100頭しかいないという日本の固有種。いま見ておかないと見られなくなるかもしれないというギリギリのところにいる貴重種だ。植物園の方のこども動物園エリアのツシマヤマネコ舎にいる。そして最後は「アメカ・スプレンデンス」。世界のメダカ館にいる野生絶滅の種である。彼らはいま世界のメダカ館の中で卵でなく子どもを産み（胎生）、その子どもがバックヤードで育てられ、成熟して展示されるという累代飼育の環境下で生きている。しかし、彼らが帰る自然界の場所は既に無いのだ。野生下で絶滅するということや、私たち人間には「小さな魚」として見落とされてきた事実をぜひ見て欲しい。他にもアオキコンゴウインコやメキシコウサギなどこの東山動植物園でしかみられない種もあるが、ぜひこの3つの種を見てもらえばと思う。

ドードー

Raphus cucullatus
ハト目ドードー科
Red List Category／EX
Date Assessed／2012-05-01

ⓒ Illustrated by F.John

絶滅動物園プロジェクトとは？

左ページで紹介しているのは、『不思議の国のアリス』（ルイス・キャロル著）にも登場する鳥ドードー（Dodo）である。ドードーは七面鳥よりも大きな飛べない鳥。インド洋に浮かぶモーリシャス諸島に生息する鳥であった。大航海時代の16世紀にオランダの探検隊によってその存在が明らかにされ、以降航海士たちの食糧源として捕らえられることになる。そもそも天敵のいない島でのんびりと暮らしていたドードーは警戒心が薄く、地上に巣を作り、飛べないばかりか歩くのも大きなカラダをゆらゆら揺らしながらヨタヨタと歩いていたはずだ。ゆえに彼らは簡単に人間たちに捕らえられ、人間が持ち込んだブタなどの天敵によって巣の補食に遭い、あっという間に数を減らした。16世紀に発見され最後に目撃されたのは1662年というから、発見からおよそ100〜150年の間に絶滅したと考えられる。

絶滅動物園プロジェクトでは、15世紀末に大航海時代が始まって以降、ヨーロッパ人を中心に新大陸へ入植を繰り返し、動物たちや自然を我がものとし壊していった。そして豊かになった人間たちは毛皮や貴重な骨や角を嗜好品や薬として求め、彼らの棲む環境を破壊した。その結果多くの動物たちが絶滅というこの星からいなくなる憂き目にあったのだ。

地球が誕生した太古の昔から、氷河期や地殻変動など地球の大きな環境変化により、いろいろな動物が隆盛を誇り死に絶えた。恐竜などはその代表例。しかし私たち《絶滅動物園プロジェクト》では、15世紀に始まる大航海時代以降、産業革命、経済振興、戦争といった人間の事情により絶滅させてしまった動物たちを〈絶滅動物〉として捉え、彼らを復活させる動物園ができないか…と考えこのプロジェクトをスタートさせた。「復活」といってもDNAを移植して実際に種を復活させるというような大それたことではない。現代のテクノロジーを駆使して復活させ、みんながそれらの動物を見て楽しむことができたらと。

例えば、大きな4Kスクリーンの中に、高精細CGで再現された絶滅動物が闊歩する。センサーに反応して私たちに近づいてきたり、成長プログラムによりスクリーンの中で死ぬこともあるかもしれないが子どもも生まれる。要するにスクリーンという大地の中ではもう死に絶えることのない動物園づくり。私たちはその動物園で、体長が4m弱あった巨大なクジャク「エピオルニス」に出会ったり、発見から27年で絶滅させてしまった北の大巨獣「ステラーダイカイギュウ」の優しさに触れたり、半分しか縞のないシマウマ「クアッガ」に遭遇したり…。彼らは実際にはいない。しかし彼らの絶滅した要因は現在も他の動物が抱える事情と同じだ。彼らとコミュニケートすることで自然や地球について考えるエンターテイメントZOOをつくりたい。

その最初のプロジェクトとして、絶滅危惧種にフォーカスした『東山絶滅動物園』という写真集をつくり、動物園で動物たちを見る新しい見方が出来ないかと刊行の運びとなった。

あとがき

今回出版する写真集『東山絶滅動物園』の発行に関しては、私の中でも紆余曲折がありました。大学の頃から思っていた「絶滅動物を何らかのカタチで甦らせ、その魅力とその反対側にある絶滅要因を知ることで、人間が侵してきた自然に対する過ちを見た人に理解して欲しい。それをエンターテイメントとしてわかりやすく伝えたい…。」そんな思いを抱いて2010年頃から具体的なコンテンツ企画や番組案を作って、広告会社や、NHKをはじめとした放送局数社にも提案したりしていました。しかしNHK以外、必ず最後に言われたのは「すごい面白いけど、お金はどうするの?」という問いかけ。と言われると私としては一巻の終わりなのです。しかし沸々といろんな企画を考えながら、とにかく「絶滅動物園」という名前をデビューさせよう。このショッキングなコンテンツタイトルがみなさんに届くことによって何か変わるかもしれない。そう思った時に考えたのがこの東山動植物園の全絶滅危惧種を撮影するドラマチックな写真集『東山絶滅動物園』というものでした。これには一つの布石があります。それは2010年、ある企業から委託を受け既知の写真家と東山動植物園のナイトZOOの写真を撮影したことです。その写真は、よく巷で見かける可愛い動物たちが写っていたのではなく、何かを訴えかけてくるような動物たちの迫力あるドキュメンタリー写真を見ているような感動があったのです。そこで感じた動物たちが醸すメッセージ性がずっと頭の中に残っていたということがあります。絶対にこういった写真は何かを感じさせるはずだと。

そしてもう一つ【クラウド・ファンディング】という新たな資金集めの方法です。「良いコンテンツであれば、支援者(パトロン)のみなさんは出資してくれますよ」というマクアケご担当の喜多さん・中村さんの声をいただき、既に作る!と決めていた写真集プロジェクトをより強く後押ししてくれる存在になりました。

今回こだわったのは「動物たちの声なき声」。映像ではありませんので動物たちの日常を詳らかにするものは出来ません。一枚の写真の中で動物たちがどれほど多くの思いを抱いているのか…ということを如何に感じていただくか?そこに腐心しました。そのためにとにかく重要だったのは動物たちを撮影する写真家を誰にするか。コンテンツスタート前からいろいろと相談に乗っていただいたデザイナーの加藤氏に相談したところ二人の意見が一致します。それは名古屋を中心に活躍中の写真家・武藤健二さんの起用です。加藤さんの尽力もあり仕事ではなくプロジェクトとして参加いただけることに。武藤さんのプライベートワークの写真を見てファンだった私は武藤さんから正式にOKをいただいたとき、表情には出しませんでしたが心躍ったことを覚えています。また結果としてとても良い写真を撮っていただいたと思いますし、献身的に関わっていただき感謝の念が絶えません。

それから、今回の写真集『東山絶滅動物園』づくりでは多くの方々にお世話になりました。

まず東山動植物園の関係者のみなさま。特に副園長の黒邉さまと、ご担当の瀬戸さまには一方ならぬお世話になりました。特に一番最初に今回の写真集の主旨をご説明に上がった際に、何者かも分からない私の話に深い理解をお示しいただいたことは、この写真集が動物園サイドにどのように受け取られるのか不安に思っていた私にとっては、その不安が取り除かれ、この写真集ひいてはプロジェクト自体に正当な価値があることを教えていただきました。そして伊藤忠ファッションシステムの井戸田さま。東山動植物園の公認グッズにすべく多くのアドバイスや示唆を頂戴しました。そして出版にご尽力いただいた三恵社の木全社長と担当の片岡さん。度重なるスケジュール変更や仕様変更にも関わらず丁寧なご対応をいただきました。

それから最後にデザイナーの加藤さんには本当にお世話になりました。私以上に動物好きで動物はもとより絶滅危惧種にも詳しく、モノづくり以外にもこのコンテンツの重要性や将来性に当初より深い理解を示してくれたことがどれほど私を心強くしてくれたか言うまでもありません。本当にありがとうございました。

しかしこの写真集『東山絶滅動物園』はただの始まりです。可能であれば『上野絶滅動物園』『天王寺絶滅動物園』『旭山絶滅動物園』など日本国内はもとより、出来うるならば『ロンドン絶滅動物園』『ベルリン絶滅動物園』『サンディエゴ絶滅動物園』などの写真集づくりもしていきたいと思っています。またさまざまな映像コンテンツやデジタルコンテンツも作っていきたい…と、夢は膨らみます。その夢が将来大きな『絶滅動物園』という大型展示コンテンツ(展示されている絶滅動物たちがもう絶滅しない動物園)になればと考えています。

これからもこの『絶滅動物園プロジェクト』は続きます。みなさまの応援がなくては進みません。今後とも何とぞ宜しくお願い申し上げます。また今回この写真集を手に取っていただき、またお読みいただきまして誠にありがとうございます。

2016年2月　佐々木シュウジ

Learn from the mistakes of others.
You can't live long enough to make them all yourself.

他人の失敗から学びなさい。
貴方は全ての失敗ができるほど長くは生きられないのですから。

by Eleanor Roosevelt (エレノア・ルーズベルト)

参考文献

■書籍
IUCN レッドリスト 世界の絶滅危惧生物図鑑／丸善出版
絶滅危惧動物百科1／朝倉書店
動物世界遺産 レッド・データ・アニマルズ〈1〉ユーラシア、北アメリカ／講談社
動物世界遺産 レッド・データ・アニマルズ―動物世界遺産〈2〉アマゾン／講談社
動物世界遺産 レッド・データ・アニマルズ〈3〉中央・南アメリカ／講談社
動物世界遺産 レッド・データ・アニマルズ〈4〉インド、インドシナ／講談社
動物世界遺産 レッド・データ・アニマルズ〈5〉東南アジアの島々／講談社
動物世界遺産 レッド・データ・アニマルズ〈6〉アフリカ／講談社
動物世界遺産 レッド・データ・アニマルズ〈7〉オーストラリア、ニューギニア／講談社
動物世界遺産 レッド・データ・アニマルズ〈8〉太平洋、インド洋／講談社
動物世界遺産 レッド・データ・アニマルズ〈別館〉絶滅動物一覧、レッド・リスト／講談社
レッドデータブック 2014 1哺乳類／ぎょうせい
レッドデータブック 2014 2鳥類／ぎょうせい
レッドデータブック 2014 3爬虫類・両生類／ぎょうせい
レッドデータブック 2014 4汽水・淡水魚類／ぎょうせい
絶滅動物誌―人が滅した動物たち／講談社
RARE／スペースシャワーブックス
シャバーニ／扶桑社
絶滅動物データファイル／祥伝社黄金文庫
地上から消えた動物／早川書房
大人のための動物園ガイド／養賢堂
絶滅野生動物の事典／東京堂出版

■ホームページ
Wikipedia
https://ja.wikipedia.org/
https://en.wikipedia.org/
The IUCN Red List of Threatened Species（TM）
http://www.iucnredlist.org/
日本のレッドデータ検索システム
http://www.jpnrdb.com/index.html

IUCNレッドリスト 関連ホームページ

IUCN（International Union for Conservation of Nature）
http://www.iucn.org/
IUCN Species Survival Commission
http://www.iucn.org/about/work/programmes/species/who_we_are/about_the_species_survival_commission_/
BirdLife International
http://www.birdlife.org/
Botanic Gardens Conservation International
http://www.bgci.org/
Conservation International（CI）
http://www.conservation.org/
Microsoft
http://www.microsoft.com/
NatureServe
http://www.natureserve.org/
Royal Botanic Gardens, Kew
http://www.kew.org/
Sapienza University of Rome
http://www.uniroma1.it/
Texas A&M University
http://www.tamu.edu/
Wildscreen
http://www.wildscreen.org/
Zoological Society of London（ZSL）
https://www.zsl.org/

Makuake（マクアケ）との出会い

この写真集『東山絶滅動物園』は出版社も何も決まっていないところからスタートしました。とにかく始めたかったからというのもあるのですが、クラウドファンディング（Crowdfunding）という資金調達の手段が最近新たに出来たことが、始めることを決めた大きな理由となりました。今回お世話になったのは《Makuake（マクアケ）》というサイバーエージェント系のクラウドファンディングサービス。大きな理由は「即時支援型」という応募方法があったため。購入型クラウドファンディングには大きく分けて2種類の支援タイプがあります。一つは達成希望金額に到達した時のみ支援が決定する「達成後支援型」と、達成希望金額に達していなくとも支援いただいた範囲で資金調達が出来る「即時支援型」の2つです。このプロジェクトへの理解自体不安だった私は、作る！と決めていることなので、少しでも制作資金が欲しいということもあり「即時支援型」を選んだのです。結果希望額はマクアケでのプロジェクト発表後4日で達成し、39人の方にご支援いただき、合計537,500円もの金額を集めることができたのです。

ご支援いただいたみなさまには改めて御礼申し上げます。

また、ご支援いただいたこともそうですが、このプロジェクトにご興味を持っていただいたこと、そして応援していただいていることに深く感謝いたします。ありがとうございます。

したいと思ったことがクラウドファンディングを使うことで可能になる。支援者・閲覧者のみなさまの前向きな気持ちに支えられて事業をスタートできる、このクラウドファンディングという仕組みに改めて感謝しています。

またMakuakeでご担当いただき、いろいろなアドバイスをいただいた喜多恭平さん・中村光海さん、本当にありがとうございました。今後とも宜しくお願いいたします。

https://www.makuake.com/

制作クレジット

■制作協力
国際自然保護連合（IUCN）日本委員会
東山動植物園（名古屋市東山総合公園）

■Makuakeでご支援いただいたみなさま
木下秀俊さま、木下美保さま、木下伸さま、木下るさかさま
尾野田紘基さま
Mio.Tさま、Miku.Tさま
渡邊裕之さま
小林優太さま
東海林隆志さま
青野大雅さま、青野礼音さま
髙山優梨花さま、髙山紗邪花さま
近藤マリコさま
佐竹新市さま
鵜野千絵さま
川波佑吉さま
堀本充洋さま
坂井智子さま
三恵社さま
ほか、
ご支援いただきましたみなさま。ありがとうございました。

■制作
写真：武藤健二（LUCKIIS）
デザイン：加藤雅尚（creun）
企画・文：佐々木シュウジ（スリー・シックスティ）
制作：絶滅動物園プロジェクト（佐々木シュウジ、澤田明理）
印刷：三恵社

武藤健二

1979年生まれ。名古屋を代表するフォトグラファー。数多の広告写真を撮る傍ら、世界各地の「Landscape」を撮影するなど、写真展への参加も多い。APAアワード2010 写真作品部門 奨励賞（2010）など。
http://luckiis.com/

加藤雅尚

1976年生まれ。デザイナー＆アートディレクター。名古屋、東京の数社のデザイン事務所を経験した後、3人でクラウンを立ち上げる。広告からロゴマークなど、グラフィックデザインをベースに制作を行う。
http://creun.jp/

佐々木シュウジ

1965年生まれ。広告会社・NHK関連会社勤務を経てフリーに。企画会社 スリー・シックスティ代表。番組・広告・Web・書籍などの企画制作を行う。2015年絶滅動物園プロジェクトを本格始動。
https://www.facebook.com/zetsumetsuzoo

三恵社

少発行出版を中心に、1000冊以上を超える出版を行う名古屋の出版社。世の中の良質なコンテンツを出版というカタチで全国の皆様に届けています。
http://www.sankeisha.com/

東山
HIGASHIYAMA

絶滅
THE ZOO OF EXTINCT ANIMALS

動物園

東山動植物園は、愛知県名古屋市千種区の東山公園内にある市営の動植物園。1937年（昭和12年）に開園し、2017年には開園80周年を迎える歴史のある動植物園。日本で初めてコアラが来日したことで知られ、最近ではゴリラのシャバーニなどが話題の日本有数の動植物園である。なお、この写真集『東山絶滅動物園』は、東山動植物園より公式に認められたライセンス商品です。

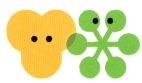

2016年4月21日
初版発行

定価／1800円＋税
著作／佐々木シュウジ、武藤健二
絶滅動物園
461-0005 名古屋市東区東桜1-2-26
マツイビル3F
E-mail／sasakix360@me.com

発行／株式会社 三恵社
発売／462-0056
愛知県名古屋市北区中丸町2-24-1
TEL 052-915-5211
FAX 052-915-5019
http://www.sankeisha.com/

本書を無断で複写・複製することを禁じます。
乱丁・落丁の場合はお取り替えいたします。
ISBN978-4-86487-497-7 C0045 ¥1800E

©SANKEISHA, SASAKI SHUJI, MUTOH KENJI

三恵社
絶滅動物園
プロジェクト